Python
パイソン ファストエーピーアイ
FastAPI

本格入門

しっかりわかる
API開発

樹下 雅章
Masaaki Kinoshita

技術評論社

■ 本書をお読みになる前に

- 本書に記載された内容は、情報の提供のみを目的としています。したがって、本書を用いた運用は、必ずお客様自身の責任と判断によって行ってください。これらの情報の運用の結果について、技術評論社および著者はいかなる責任も負いません。

- 本書記載の情報は、2024年9月現在のものを記載していますので、ご利用時には、変更されている場合もあります。ソフトウェアに関する記述は、特に断りのないかぎり、2024年9月現在での最新バージョンをもとにしています。ソフトウェアはバージョンアップされる場合があり、本書での説明とは機能内容や画面図などが異なってしまうこともあり得ます。本書ご購入の前に、必ずバージョン番号をご確認ください。

- 本書の内容は、次の環境にて動作確認を行っています。

Python	3.12.5
fastapi	0.115.0
requests	2.32.3
uvicorn	0.30.6
httpx	0.27.2
SQLAlchemy	2.0.35
aiosqlite	0.20.0
pydantic	2.9.2
pydantic_core	2.23.4

以上の注意事項をご承諾いただいた上で、本書をご利用ください。

- 本書のサポート情報は下記のサイトで公開しています。
https://gihyo.jp/book/2024/978-4-297-14447-0/support

- Microsoft、Windowsは、米国Microsoft Corporationの米国およびその他の国における商標または登録商標です。

- その他、本文中に記載されている製品の名称は、すべて関係各社の商標または登録商標です。
本文中では™マーク、®マークは明記していません。

はじめに

API（Application Programming Interface）は、さまざまなサービスやアプリケーション間の連携を支える重要な役割を果たしています。たとえば、フロントエンド（ユーザーが操作する画面）とバックエンド（データを処理するサーバー）の間で行われるやり取りも、APIを通じて実現されます。FastAPIは、このAPIを効率的に開発するために設計された非常に強力な「フレームワーク」です。

FastAPIの主な強みは次の3点です

①非常に高速

FastAPIは非同期処理を標準でサポートしており、従来のフレームワークと比べて非常に高速に動作します。

②自動ドキュメント生成

FastAPIにはAPIのドキュメントを自動で生成する機能が備わっており、APIの使い方や仕様を簡単に把握することができます。

③Pythonの型ヒントをフル活用

FastAPIは、Pythonの型ヒントを最大限に活用して、コードの信頼性と可読性を向上させます。

書籍では、FastAPIに関連する「型ヒント」や「非同期処理」などの基本的な概念を学びながら、シンプルなAPIを作成する方法を習得していきます。サーバーのセットアップ、基本的なAPIエンドポイントの作成、リクエストとレスポンスの処理など、実際に手を動かしながら進めていきましょう。

本書は、「プログラミング初心者」の方を対象に構成されています。私はIT講師としての経験を活かし、図やイラストを多用し、可能な限り言葉だけに頼らない解説を心がけました。

本書を通して、FastAPIを学ぶことで、API開発の基本的なスキルを習得し、次のステップに進むためのしっかりとした土台を築いていただけることを願っています。

2024年9月　樹下雅章

●サンプルファイルの利用方法について

「学習方法」としてお薦めする方法は、技術評論社の本書サポートページ（https://gihyo.jp/book/2024/978-4-297-14447-0/support）から、提供されている「リスト」をダウンロードして、ファイルに各リストを貼り付ける方法です。リストは動作確認済みです。まずはアプリケーションが動くことを確認し、その後、ご自身でコードについて学習することで、アプリケーションが動かないストレスから解放されます。

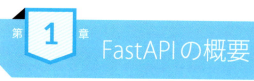

第1章 FastAPIの概要

1-1 FastAPIとは？ ... 12
- 1-1-1 フレームワークとは？ ... 12
- 1-1-2 FastAPIの特徴 ... 12

1-2 開発環境の構築（Miniconda） ... 15
- 1-2-1 AnacondaとMiniconda ... 15
- 1-2-2 Minicondaのインストール ... 15
- Column Minicondaってなんだ？ ... 19

1-3 開発環境の構築（仮想環境） ... 20
- 1-3-1 仮想環境とは？ ... 20
- 1-3-2 仮想環境の構築 ... 21
- 1-3-3 pipとcondaとは？ ... 24

1-4 開発環境の構築（VSCode） ... 27
- 1-4-1 VSCodeのインストール ... 27
- 1-4-2 拡張機能の追加（Python他） ... 30
- 1-4-3 ハンズオン環境の作成 ... 33
- Column いつ仮想環境を有効化・無効化するのか？ ... 36

第2章 FastAPIの基礎

2-1 WebAPIの基礎知識 ... 38
- 2-1-1 APIとは？ ... 38
- 2-1-2 WebAPIとは？ ... 38
- 2-1-3 WebAPIプログラムの作成 ... 39
- Column VSCodeで「Pythonインタープリタ」の変更 ... 43

2-2 FastAPIで「ハローワールド」の作成 ... 44
- 2-2-1 必要なライブラリのインストール ... 44

CONTENTS 目次

| 2-2-2 | はじめてのFastAPIプログラムの作成 | 45 |

2-3 Swagger UIによるドキュメント生成 48

| 2-3-1 | Swagger UIとは？ | 48 |
| 2-3-2 | Swagger UIの役割 | 52 |

第3章 型ヒント（タイプヒント）

3-1 型ヒントとは？ 54

3-1-1	型ヒントの基本	54
3-1-2	型ヒントの記述方法	54
3-1-3	型ヒントプログラムの作成	55

3-2 型ヒントの使用方法（Optional型）............ 59

| 3-2-1 | Optional型とは？ | 59 |
| 3-2-2 | Optional型を使用するプログラムの作成 | 60 |

3-3 型ヒントの使用方法（Annotated）............ 62

| 3-3-1 | Annotatedとは？ | 62 |
| 3-3-2 | Annotated型を使用するプログラムの作成 | 63 |

3-4 「|（パイプ）演算子」とは？ 65

3-4-1	「	（パイプ）演算子」とは？	65
3-4-2	「	（パイプ）演算子」を使用するプログラムの作成	66
Column	Optional型とパイプ演算子	68

第4章 パラメータとレスポンスデータ

4-1 リクエスト処理（パスパラメータ）............ 70

4-1-1	パスパラメータの基本	70
4-1-2	FastAPIプログラム（パスパラメータ）の作成	70
Column	HTTPException	73

5

| | 4-1-3 | Swagger UIでの操作 | 74 |

4-2　リクエスト処理（クエリパラメータ） 78

4-2-1	クエリパラメータの基本	78
4-2-2	FastAPIプログラム（クエリパラメータ）の作成	78
4-2-3	Swagger UIでの操作	82

4-3　レスポンス処理（レスポンスデータ） 85

4-3-1	レスポンスデータの構造	85
4-3-2	イメージで振り返る	85
4-3-3	Pydanticとは？	86

第5章　FastAPIでCRUD処理

5-1　RESTful APIとは？ 92

| 5-1-1 | RESTの4原則 | 92 |

5-2　HTTPメソッドの特性 95

5-2-1	RESTとは？	95
5-2-2	安全性と冪等性（べきとうせい）とは？	95
5-2-3	GET、POST、PUT、DELETEとは？	96
Column	本書の構成について	97

5-3　CRUDアプリケーションの作成 98

5-3-1	アプリケーションの作成	98
Column	response_model	101
Column	enumerate	104
5-3-2	Swagger UIでの操作	105
5-3-3	Pydantic再び	108
5-3-4	Swagger UIでの操作	111
Column	Field機能とAnnotated型	114

CONTENTS 目 次

第6章 同期処理と非同期処理

6-1 同期処理と非同期処理とは？ ……………………………………… 116

6-1-1 同期処理と非同期処理 ……………………………………… 116
6-1-2 Pythonでの非同期処理 …………………………………… 119
6-1-3 「asyncio」を使用するプログラムの作成 …………………… 119
Column コルーチン ……………………………………………… 121

6-2 FastAPIでの非同期処理 ……………………………………… 122

6-2-1 httpxのインストール ……………………………………… 122
6-2-2 「httpx」を使用するプログラムの作成 …………………… 122

第7章 ルーティングの分割

7-1 APIRouterとは？ ……………………………………………… 126

7-1-1 APIRouterの概要 ………………………………………… 126
7-1-2 プログラムの作成 ………………………………………… 126

7-2 リファクタリング ……………………………………………… 130

7-2-1 リファクタリングの主な目的 ……………………………… 130
7-2-2 プログラムの作成（リファクタリング） ………………… 131
7-2-3 FastAPIクラスとAPIRouterクラスの比較 ……………… 136

第8章 ORMの利用

8-1 ORMとは? 138

8-1-1 ORMの概要 138
8-1-2 SQLAlchemyとは? 138
8-1-3 SQLiteの使用方法 140

8-2 SQLAlchemyを使用したアプリケーションの作成 141

8-2-1 プロジェクトの作成 141
Column 「期限切れ」とは? 145
Column モデルとは? 147
Column DB接続を「コネクション」と「セッション」に分ける理由 149
8-2-2 動作確認の実施 152
Column 生成AIを使用した学習方法のおすすめ 154

第9章 DIの利用

9-1 DIとは? 156

9-1-1 DIのイメージ 156
9-1-2 FastAPIでのDI 156

9-2 DIを使用したアプリケーションの作成 158

9-2-1 プロジェクトの作成 158
9-2-2 動作確認の実施 160

9-3 DI（依存性の注入）の深堀 161

9-3-1 DIを取り巻く用語の整理 161
9-3-2 DIの使い所と気をつけること 164

CONTENTS 目次

第10章 スキーマ駆動開発（フロントエンド）

10-1 スキーマ駆動開発 166
10-1-1 スキーマ 166
10-1-2 スキーマ駆動開発 167
Column スキーマ駆動開発の利点 168

10-2 作成アプリケーションの概要 169
10-2-1 スキーマ駆動開発でのステップ 169
10-2-2 自動ドキュメント作成の実施 171
Column 分類の重要性 179

10-3 フロントエンドの作成 180
10-3-1 フロントエンド 180
10-3-2 Webページプレビュー拡張機能を追加 190

第11章 スキーマ駆動開発（バックエンド）

11-1 モデルとDBアクセスの作成 194
11-1-1 モデルの決定 194
11-1-2 コードの記述 194
Column 「yield」について 199
11-1-3 動作確認の実施 200

11-2 CRUD処理の作成 202
11-2-1 非同期CRUD処理 202
Column 朝活のすすめ 210

11-3 リファクタリング 211
11-3-1 ルーティングの分割 211
11-3-2 リファクタリングの実施 219

11-4　動作確認　　221

11-4-1　サーバー起動　　221

11-4-2　動作確認の実施　　222

Column　CORS (Cross-Origin Resource Sharing) とは？　　226

Appendix　今後の発展のために

A-1　複雑なスキーマの検討　　228

A-1-1　スキーマとクラス　　228

A-1-2　サンプルプログラムの作成　　229

A-2　動作確認　　231

A-2-1　サーバー起動　　231

A-3　メモアプリのカスタマイズ　　233

A-3-1　JSONデータの構造把握　　233

A-3-2　カスタマイズの手順　　234

A-4　サンプルファイルの使用方法　　250

A-4-1　サンプルファイルの使用　　250

索引　　252

FastAPIの概要

1.1 FastAPIとは？

1.2 開発環境の構築（Miniconda）

1.3 開発環境の構築（仮想環境）

1.4 開発環境の構築（VSCode）

Section 1-1 FastAPIとは？

FastAPIは、WebアプリケーションやAPIを構築するためのPythonフレームワークです。この章では「FastAPI」の特徴を説明後、本書で実施するハンズオンの開発環境構築を行います。この章を読み終わった後に「FastAPIのイメージ」を何となく掴んで頂けたら幸いです。

1-1-1 フレームワークとは？

まず、フレームワークとは何でしょうか？フレームワークとは、簡単に言うとソフトウェアやアプリケーション開発を行う事を簡単にする「骨組み」です（図1.1）。フレームワークのメリットとして、フレームワークが必要最低限の機能を提供してくれるため、自分ですべての機能を作成する必要がなく、アプリケーションの開発にかかる時間とコストを削減できます。デメリットとして、フレームワークを利用する開発では、フレームワーク特有の使用方法（ルール）を理解する必要があります。

図1.1 フレームワークのイメージ

1-1-2 FastAPIの特徴

先ほども説明しましたが、FastAPIはWebアプリケーションやAPIを構築するためのPythonフレームワークです。大きな特徴は、「型ヒント」を用いた開発ができること、そして自動で「APIのドキュメント」を生成できることです。

以下に「マインドマップ[注1]」でFastAPIの特徴を示します（**図1.2**）。

図1.2 マインドマップ（**FastAPIの特徴**）

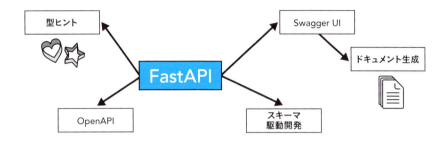

「マインドマップ」で記述した、FastAPIの各特徴についてそれぞれ説明します。

型ヒント

Pythonの「型ヒント」は、変数や関数の引数、戻り値がどのような型であるかを明示するための機能です。FastAPIでは、この型ヒントを使用しAPIが受け取るリクエストのデータ型や返すレスポンスのデータ型を定義します。これにより、データの検証やエディタの補完が自動で行われ、開発の効率が大きく向上します。

OpenAPI

「OpenAPI」は、RESTful APIの仕様を記述するための標準フォーマットです。FastAPIは型ヒントを基に、自動的にこの「OpenAPI」の仕様書を生成します。これにより、APIのエンドポイント[注2]、リクエスト、レスポンスの構造が明確に文書化され、APIの使用方法が容易に理解できるようになります。

SwaggerUI

「SwaggerUI」は、OpenAPIの仕様書をもとに、ブラウザ上で動作するインタラクティブ[注3]なAPIドキュメントを提供します。FastAPIでAPI開発をすると、SwaggerUIによるドキュメントが自動で用意され、開発者や利用者は、ドキュメントを見ながらリアルタイムでAPIのテストがで

（注1） マインドマップとは、アイデアや情報を視覚的に整理し、関連付けるためのツールです。中心となるテーマから枝分かれするようにキーワードや概念を書き出し、それらの間の関連を線でつなぎます。
（注2） 「エンドポイント」とは、インターネット上の特定の場所（アクセスポイント）を示します。簡単に言うとWebアプリケーションやサービスが「機能やデータ」を提供するためのアクセスポイントです。
（注3） インタラクティブとは、コンピューターやデバイスが、人の指示や行動に応じて反応することです。

きるようになります。

　上記の3ワードは、FastAPIを知る上で重要なワードになります。現時点ではまだ何を言っているのかイマイチわからないかもしれませんが、この後の章でそれぞれ詳しく説明するのでお待ちください。

☐ スキーマ駆動開発

　「スキーマ駆動開発」は、APIの仕様・構造（スキーマ）を最初に定義し、それに基づいて開発を進める方法です。FastAPIでは、型ヒントとOpenAPIを利用して、SwaggerUIによるドキュメントが自動で生成されます。自動で生成されたドキュメントを「バックエンド」と「フロントエンド」の開発者が共有することで、開発作業を密接に連携しやすくなり、より迅速かつ正確に作業を進めることができます。

　FastAPIはこれらの機能を通じて、効率的なAPI開発を実現します。つまり開発者はコードを書くだけで、型の検証、ドキュメント生成、スキーマ駆動開発の恩恵を受けられます。

　上記で説明した項目を**表1.1**にまとめます。

表1.1　FastAPIの特徴

概念	簡単な説明
型ヒント	数字や文字などのデータの種類（型）をプログラムに教える方法です。 これにより、プログラムが自動で間違いを見つけやすくなり、プログラミングを手助けするツールがより簡単に使えるようになります
OpenAPI	Web上でアプリケーションがデータをやり取りするためのルールの標準形式です。 型ヒントを使って自動的にこのルールを作成できるので、アプリケーション同士がよりスムーズに連携できます
SwaggerUI	「OpenAPI」のルールを元にして、API（アプリケーション同士のやり取りの仕組み）の説明書を自動で作るツールです。これにより、APIがどのように動作するかを簡単に確認したり、テストしたりできます
スキーマ駆動開発	APIの設計を始める前に、必要なデータの形（スキーマ）を細かく定義し、そのスキーマに基づいて開発を進める方法です。これにより、バックエンド（データ処理を担当する部分）とフロントエンド（ユーザーが直接操作する部分）の作業がスムーズに連携し、効率的な開発ができます

　スキーマ駆動開発については、「10章 スキーマ駆動開発（フロントエンド）」及び「11章 スキーマ駆動開発（バックエンド）」で詳細に説明します。

Section 1-2 開発環境の構築（Miniconda）

Pythonで開発環境を整える際、よく使われる選択肢の1つが「Anaconda（アナコンダ）」です。Anacondaは、データサイエンスや機械学習の分野で特に便利なツールで、多くの便利なライブラリが初めから含まれています。Anacondaの簡易版として「Miniconda（ミニコンダ）」があります。本書では、Minicondaを使用してPython開発環境を構築する方法を紹介します。

1-2-1 AnacondaとMiniconda

Anacondaは、データサイエンスや機械学習の分野で特に便利なツールで、多くの便利なライブラリが初めから含まれています。ただし、その便利さの代わりにファイルサイズが大きく、商用目的で使う場合は有料になります。軽量な選択肢として「Miniconda（ミニコンダ）」があります。MinicondaはAnacondaの簡易版で、必要最低限のPythonとパッケージ管理ツールのみを含んでいます。2024年6月現在、Minicondaは無料で使うことができます。

それでは、さっそくMinicondaをインストールしてみましょう。

1-2-2 Minicondaのインストール

01 ダウンロード

ブラウザを立ち上げConda公式サイトの「Minicondaのページ（https://docs.conda.io/en/latest/miniconda.html）」からインストーラーをダウンロードします。Windows、Mac、LinuxとOS毎にいろいろありますが、本書では「Windows」の「64bit」版をダウンロードします（図1.3）。

図1.3 ダウンロード

リンクをクリックするとダウンロードが始まり、exeファイルがダウンロードされます。本書はWindows x64を使用しているので「Miniconda3-latest-Windows-x86_64.exe」をダウンロードしました。他OSを利用して本書を参照してくれている読者の方は、ご自身の端末にあったMinicondaをダウンロードお願いします。※大変申し訳ありませんが、本書はWindows端末での説明になります。

02 インストール

ダウンロードされた「Miniconda3-latest-Windows-x86_64.exe」をダブルクリックします。インストールを開始する画面が表示されるので、「Next」をクリックします（**図1.4**）。ライセンスに同意する画面が表示されます。問題がない場合は、「I Agree」をクリックします（**図1.5**）。

図1.4 インストール①

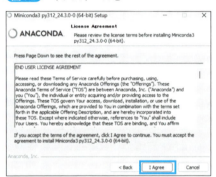

図1.5 インストール②

インストールタイプ選択画面が表示されます。推奨設定の「Just Me」を選択し、「Next」をクリックしてください（使用しているWindowsのアカウント名に「スペースや全角文字」が含まれる場合、この後のインストールでエラーが発生することがあります。上記に該当し、かつ学習するPCが自分しか使用しない場合は、「All Users」を選択してください）。

「Just Me」はインストールを実行しているアカウントのみMinicondaを使用できます。「AllUsers」は使用しているPCの全てのアカウントでMinicondaを使用できます（**図1.6**）。

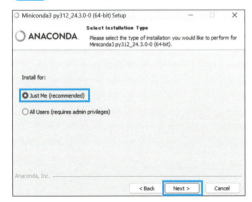

図1.6 インストール③

インストール先の選択画面が表示されます。特に問題が無ければインストール先を変更せず「Next」ボタンをクリックします。次はインストールオプションの設定です。全てのチェックボックスにチェックを行い、「Install」ボタンをクリックします（図1.7）。

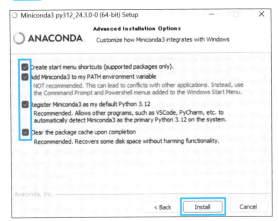

図1.7　インストール④

非推奨の項目にチェックをしているので赤文字が表示されますが、特に問題ありません。
各設定の詳細について以下に記述します。

- 「Create start menu shortcuts(supported packages only).」
スタートメニューのショートカットを作成します。

- 「Add Miniconda3 to my PATH environment variable
NOT recommended. This can lead to conflicts with other applications. Instead, use
the Command Prompt and Powershell menus added to the Windows Start Menu.」
Miniconda3を自分の環境変数PATHに追加します。非推奨です。これは他のアプリケーションとの競合を引き起こす可能性があります。代わりに、Windowsのスタートメニューに追加されたコマンドプロンプトとPowerShellメニューを使用してください。と記述されています。環境変数PATHに追加する、通称「PATHを通す」とは、PCに実行ファイルの在り処を教えてあげることです。これにより、PC上のどこからでもその実行ファイルを呼び出すことができます。「conda」コマンドを使用するために、この設定は必要なのでチェックします。

- 「Register Miniconda3 as my default Python3.12
Recommended. Allows other programs, such as VSCode, PyCharm, etc, to
automatically detect Miniconda3 as the primary Python3.12 on the system.」
Miniconda3をデフォルトのPython3.12として登録します。推奨です。これにより、VSCode、PyCharmなどの他のプログラムが、システム上の主要なPython3.12としてMiniconda3を自動的に検出できます。

- 「**clear the package cache upon completion**
  Recommended. Recovers some disk space without harming functionality.」
  完了後にパッケージキャッシュをクリアします。推奨です。機能に悪影響を与えずにディスク容量を若干回復します。

インストールが開始されます。インストールが完了したら「Next」ボタンをクリックします。

役立つヒントやリソースのリンクをブックマークするかを確認されます。不要ならばチェックを外して「Finish」をクリックします。ここでは、両方のチェックを外しました（**図1.8**）。

図1.8 インストール⑤

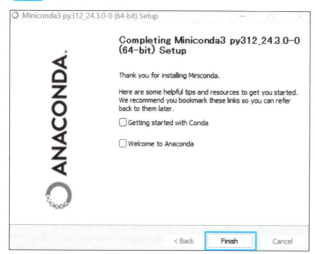

03　インストールの確認

タスクバーにある「Windowsロゴ」をクリックし、[スタート]メニューを表示します。検索バーに「cmd」と入力して「コマンドプロンプト」を起動します。

コマンドプロンプトの画面にて「conda -V」コマンドと入力後「Enter」キーを押下します。

condaのバージョンが確認できることで無事「Miniconda」がインストールされていることを確認できました（**図1.9**）。

図1.9 インストール確認

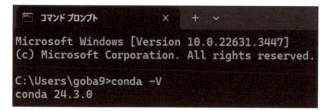

1-2 開発環境の構築（Miniconda）

Column │ Minicondaってなんだ？

　既に説明したましたが、Minicondaは、Pythonとパッケージ管理システムである Condaを含む、小さなバージョンのAnacondaです。

　以下に、ビギナーの方にMinicondaの利点をいくつか紹介します。

○ 簡易性

　MinicondaはAnacondaよりも機能が少ないため、ダウンロードとインストールが速く、ディスクスペースも少なく済みます。

○ パッケージ管理

　Condaを使えば、Pythonのパッケージを簡単にインストール、更新、削除できます。依存関係も自動で管理してくれるので、パッケージ間の互換性問題を心配する必要がありません。

○ 環境管理

　Condaは仮想環境の作成と管理が可能です。これにより、プロジェクトごとに異なるPythonのバージョンやライブラリを使うことができ、プロジェクト間での設定の衝突を防げます（仮想環境については、この後の章で説明します）。

○ クロスプラットフォーム

MinicondaはWindows、Mac、Linuxに対応しているので、異なるオペレーティングシステムを使用していても同じ開発環境を構築できます。

　これらの理由から、MinicondaはPythonの開発環境を手軽に構築し、効率的にパッケージを管理するための優れたツールです。

Section 1-3 開発環境の構築（仮想環境）

アプリケーション開発において、「プロジェクト」毎に必要な環境は異なります。例えば、使用する「Pythonのバージョン」や必要な「パッケージやライブラリ」などです。プロジェクトが増えるたびに必要なパッケージやライブラリの種類も増えます。このような状況が続くと、管理できないほどパッケージの種類が増える、ライブラリ同士が干渉してプログラムが動かなくなるなどの問題が発生します。そこで、開発環境を管理するために「仮想環境」を使用することが推奨されます。

1-3-1 仮想環境とは？

プログラムにおける「環境」とは、プログラムを動かすために必要なソフトウェア群のことです。「仮想」とは、仮にあるものとして考えることです。「仮想環境」とは、同じPC内に複数の環境を仮想に構築することです。仮想環境は論理的に独立した環境で、パッケージによる依存性や互換性に左右されることがありません（図1.10）。

では、さっそく「仮想環境」を構築しましょう。

図1.10　仮想環境

1-3-2 仮想環境の構築

仮想環境一覧

「コマンドプロンプト」の画面にて「conda env list」コマンドと入力後「Enter」キーを押下します。仮想環境の一覧が表示されます（図1.11）。「base」は「Miniconda」が用意しているデフォルトの仮想環境です。

図1.11　仮想環境一覧

仮想環境の作成

仮想環境を作成するには以下のコマンドを実行します。

```
conda create -n [name] python=[version]
```

[name]は、自分で名づける仮想環境名、[version]はPythonのバージョンを指定できます。今回は仮想環境名「fastapi_env」、Pythonのバージョン「3.12」で仮想環境を作成します。「conda create -n fastapi_env python=3.12」と入力後「Enter」キーを押下します（図1.12）。

図1.12　仮想環境の作成

Proceed([y]/[n])? と表示されたら、「y」を入力後「Enter」キーを押下します。これで「仮想環境」が作成されました。作成されたことを「conda env list」コマンドで確認します（図1.13）。

「fastapi_env」仮想環境が作成されたことを確認できます。

図1.13　仮想環境の作成確認1

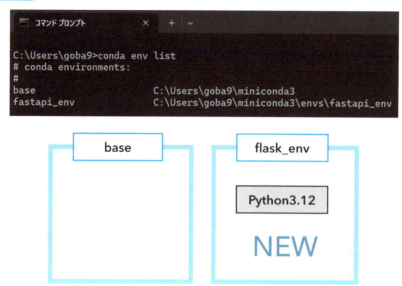

練習のため、「conda create -n django_env python=3.9」コマンドを実行し、もう1つ仮想環境を作成しましょう（仮想環境名「django_env」、Pythonのバージョン「3.9」）。

作成後「conda env list」コマンドで確認します。「django_env」仮想環境が作成されたことを確認できます（図1.14）。

図1.14　仮想環境の作成確認2

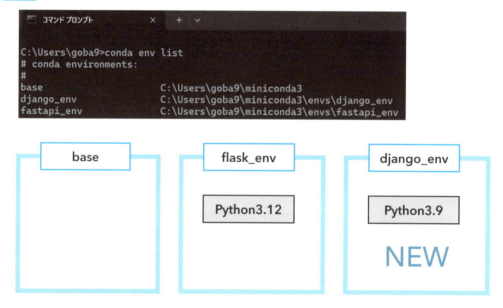

仮想環境の有効化

仮想環境を有効化するには以下のコマンドを実行します。

```
conda activate [name]
```

[name] は、有効化したい仮想環境名を指定します。「conda activate django_env」コマンドを実行し、指定した「仮想環境」を有効化しましょう。行頭に（django_env）と指定した「仮想環境名」が付与されます（図1.15）。

図1.15　仮想環境の有効化

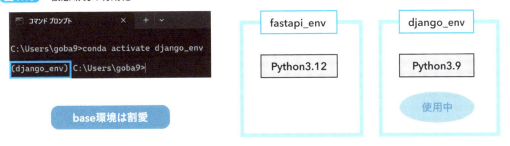

「仮想環境」に指定したPythonのバージョンを「python -V」コマンドを実行し、確認します（図1.16）。指定したPythonのバージョンがインストールされていることを確認できます。

図1.16　Pythonのバージョン確認

仮想環境の無効化

仮想環境を無効化するには以下のコマンドを実行します。

```
conda deactivate
```

「conda deactivate」コマンドを実行し、指定した「仮想環境」を無効化しましょう。行頭から「仮想環境名」が取れ、仮想環境から抜けたことが確認できます（図1.17）。

図1.17 仮想環境の無効化

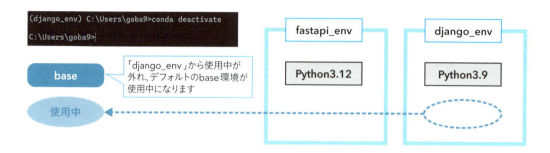

仮想環境の削除

使用しない仮想環境を削除する場合は以下のコマンドを実行します。

```
conda remove -n [name] --all
```

[name] は、削除したい仮想環境名を指定します。「conda remove -n django_env --all」コマンドを実行し、指定した「仮想環境」を削除しましょう。Proceed([y]/[n])? と表示されたら、「y」を入力します（図1.18）。これで「仮想環境」が削除されました。なお、削除したい「仮想環境」は、無効化されている必要があります。

図1.18 仮想環境の削除

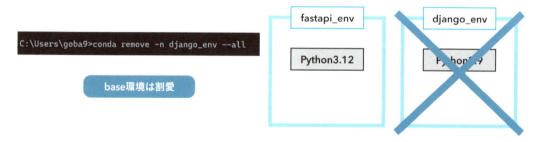

1-3-3 pipとcondaとは？

FastAPI「仮想環境」を構築する前に、「パッケージ管理コマンド」の「pip」と「conda」について説明します。

pip（ピップ）とconda（コンダ）

「環境構築」に必要な作業は、パッケージのダウンロード・インストール作業です。「パッケー

ジ管理コマンド」とはパッケージのダウンロード・インストールを行うためのコマンドです。パッケージが沢山置かれている場所を「リポジトリ」と言います（図1.19）。pip（ピップ）はPythonのサードパーティーソフトウェアのPyPI（Python Package Index）からパッケージのダウンロード・インストールを行うためのパッケージ管理コマンドです。conda（コンダ）はAnaconda社が管理するリポジトリからパッケージのダウンロード・インストールを行うためのパッケージ管理コマンドです。

本書では、「パッケージ管理コマンド」は主に「pip」を使用します。

図1.19　パッケージ管理コマンドのイメージ

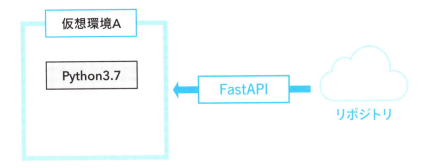

FastAPIのインストール

「conda activate fastapi_env」コマンドを実行し、指定した仮想環境を有効にします。「fastapi_env」仮想環境が有効になったら、Pythonパッケージのインストールを行うため以下のコマンドを実行します。

```
pip install [name]==バージョン
```

[name] は、インストール対象のPythonパッケージを指定します。pipコマンドを実行し、「FastAPI」をインストールします。

```
pip install fastapi
```

指定した「仮想環境」に「FastAPI」が「リポジトリ」からダウンロードされインストールされます（図1.20）。

図1.20　FastAPIのインストール

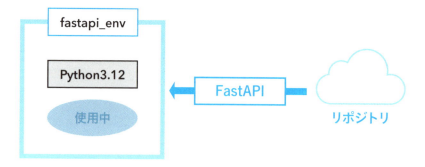

　FastAPI開発用の「仮想環境」作成が完了しました。
　次は、Pythonプログラムを実行するための開発用エディタ、Microsoftが提供する「VisualStudio Code」（以下、「VSCode」）の構築を行いましょう。
　今後は、「VSCode」上でターミナルを操作するので、「コマンドプロンプト」は終了してください。

コマンドプロンプトの終了方法

コマンドプロンプトの終了方法は2つあります。

- 方法1　exitコマンドを使用する
　　コマンドプロンプト上で「exit」キーワードを入力し、Enterキーを押下することで、コマンドプロンプトが終了します。
- 方法2　ウィンドウの「×」ボタンをクリックする
　　コマンドプロンプトの右上にある「×」ボタンをクリックします。これにより、コマンドプロンプトのウィンドウが閉じられ、コマンドプロンプトが終了します。

Section 1-4 開発環境の構築（VSCode）

「VSCode」とは、正式には「Visual Studio Code」といい、Microsoft社が提供するコードエディターです。WindowsだけでなくMacOSやLinuxにも対応しており、オープンソースソフトウェアであるため、どのOSでも無料でインストールすることができます。では、早速VSCodeのインストールを実行しましょう。

1-4-1 VSCodeのインストール

以下にVSCodeのインストール手順を紹介します。

01 ダウンロード

ブラウザを立ち上げ、「VSCode ダウンロードサイト（https://code.visualstudio.com/）」を表示します。画面左側に「ご利用の環境向け」ダウンロード用ボタンが表示されています（本書の場合は「Download for Windows」）。このボタンをクリックするとダウンロードが始まります（図1.21）。

ここでは「VSCodeUserSetup-x64-1.88.1.exe」がダウンロードされました。

図1.21　VSCodeのダウンロード

02 インストール

ダウンロードされた「VSCodeUserSetup-x64-1.88.1.exe」をダブルクリックします。「使用許諾

契約書」が表示されます。よく読んで頂き、同意できる場合には「同意する」を選択し、「次へ」をクリックします（図1.22）。

図1.22　VSCodeのインストール①

インストール先の選択画面が表示されます。特に問題が無ければインストール先を変更せず「次へ」をクリックします。ここでは、「デフォルト」設定にしました。

Windowsのスタートメニューに「VSCode」のメニューを追加するかの選択画面が表示されます。追加する場合は「次へ」をクリックしてください。追加する必要がない場合は「スタートメニューフォルダを作成しない」にチェック後「次へ」をクリックしてください。

ここではチェックを入れずに次に進みました（図1.23）。

図1.23　VSCodeのインストール②

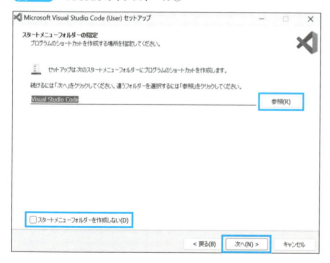

追加の設定画面が表示されます。デフォルトで設定したい項目があればチェックをし、「次へ」をクリックします。ここでは、「全ての項目」にチェックをしました（図1.24）。

1-4 開発環境の構築（VSCode）

図1.24 VSCodeのインストール③

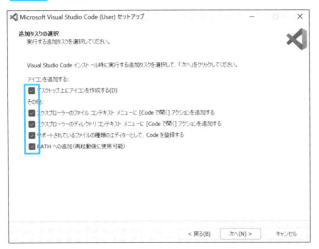

確認画面が表示されます。インストールに問題なければ「インストール」をクリックします。
　インストールが開始され、その後セットアップウィザード完了画面が表示されます。ここでは、「Visual Studio Codeを実行する」にチェックをしました（**図1.25**）。「完了」をクリックし、インストールを完了させます。

図1.25 VSCodeのインストール④

「Visual Studio Codeを実行する」にチェックをしていたので、「VSCode」が実行され画面が表示されます。「Choose your theme」（テーマを選択してください）と表示されます。ここでは、見やすいように外観を「Light Modern」に選択しました（**図1.26**）。もし「外観」を選択する画面が表示されない場合は、後ほど「外観」の設定方法を説明しますのでそちらを参照ください。

29

図1.26　VSCodeの外観

外観が変更されたら、エディタの「Welcome」タブを閉じて、VSCodeの設定を行っていきましょう。

1-4-2　拡張機能の追加（Python他）

拡張機能を利用するとVSCodeが単体ではサポートしていない機能を追加することができます。VSCodeに便利な拡張機能を追加して、開発を少しでも楽にする開発環境を構築しましょう。

日本語化

VSCodeを日本語化しましょう。「Japanese Language Pack for Visual Studio Code」を追加します。VSCode画面の「Extensions」ボタンをクリックし、「EXTENSIONS：MARKETPLACE」の検索バーに「japanese」と入力します。「Japanese Language Pack for Visual Studio Code」を選択し、「Install」ボタンをクリックします（図1.27）。

図1.27　日本語化①

右下に再起動を促す「ダイアログ」が表示されます。「Change Language and Restart」ボタンをクリックして、VSCodeを再起動することでVSCodeが日本語化されます（図1.28）。

図1.28 日本語化②

Python拡張機能

「Python拡張機能」を追加して、VSCodeでPythonを使えるようにしましょう。

VSCode画面の「拡張機能」ボタンをクリックし、「拡張機能：マーケットプレース」の検索バーに「Python」と入力します。「Python」を選択し、「インストール」ボタンをクリックします（**図1.29**）。

図1.29 Python拡張機能

インデント調整拡張機能（任意）

インデントとは、プログラムのコードを構造的に整形するために、行の先頭にスペースやタブを挿入することを指します。インデントは、コードの読みやすさを向上させ、プログラムの構造を視覚的に理解しやすくします。

「インデント調整拡張機能」を追加することで、インデント調整の手間から解放されましょう。関数内の引数を改行した場合など、自動的にインデントを調整してくれます。VSCode画面の「拡張機能」ボタンをクリックし、「拡張機能：マーケットプレース」の検索バーに「indent」と入力します。「Python Indent」を選択して、「インストール」ボタンをクリックします（**図1.30**）。

図1.30 インデント調整拡張機能

☐ インデント表示拡張機能（任意）

「インデント表示拡張機能」を追加することで、インデントを見やすくすることができます。インデントの階層が深くなると、どこまで続いているかが分かりづらくなってしまいます。この拡張機能をインストールすれば、インデントの階層ごとに色分けしてくれます。

　VSCode画面の「拡張機能」ボタンをクリックし、「拡張機能：マーケットプレース」の検索バーに「indent」と入力します。「indent-rainbow」を選択し、「インストール」ボタンをクリックします（図1.31）。

図1.31　インデント表示拡張機能

☐ アイコン表示拡張機能（任意）

「アイコン表示拡張機能」を追加して、アイコン表示を変更し気分を変えましょう。

　VSCode画面の「拡張機能」ボタンをクリックし、「拡張機能：マーケットプレース」の検索バーに「material」と入力します。「Material Icon Theme」を選択し、「インストール」ボタンをクリックします（図1.32）。

　インストール後、「アイコンのテーマ選択」を促されますので、「Material Icon Theme」を選択してください（図1.33）。

図1.32　アイコン表示拡張機能

図1.33　アイコンのテーマ選択

1-4-3 ハンズオン環境の作成

01 ワークスペースの作成

任意の場所にハンズオンを実施する「ワークスペース」を作成してください。本書では「C:¥work_fastapi」としました。VSCodeの画面で、「ファイル→フォルダを開く」を選択し、作成したハンズオン用の「ワークスペース[注4]」を選択します。

VSCodeでフォルダを開く、またはコードを実行しようとすると「Workspace Trust」画面が表示されることがあります。画面が表示された場合は、対象フォルダを信頼するかどうか聞かれるので「はい、作成者を信頼します」をクリックします。ここでは、「親フォルダも信頼する」に対してもチェックを入れました（図1.34）。セキュリティ面で不安がある場合は、チェックを外してください。

図1.34 Workspace Trust

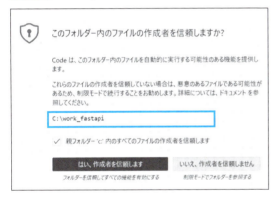

02 ターミナルの設定

VSCode画面で、ヘッダーにある「ターミナル→新しいターミナル」を選択し、「ターミナル」を開きます（図1.35、図1.36）。もし、PowerShellがサポート対象でないメッセージがVSCode画面右下に表示された場合は、「コマンドプロンプトの使用」をクリックしてください。

図1.35 ターミナルを開く

（注4） ワークスペースとは、特定のタスクやプロジェクトを行うための環境のことを指します。

図1.36 ターミナル

○ コマンドプロンプトの設定

「ターミナル」画面、右端の「v」をクリックし、表示される選択画面にて「Command Prompt」を選択します。「コマンドプロンプト」が「ターミナル」に追加されます（図1.37）。

図1.37 コマンドプロンプトの設定

○ ターミナルの設定

「コマンドプロンプト」を既定「ターミナル」に設定しましょう。ターミナル画面、右端の「v」をクリックし、表示される選択画面にて「既定のプロファイルの選択」をクリックします。表示された「コマンドパレット」にて「Command Prompt」をクリックします。再度ターミナル画面、右端の「v」をクリックし、表示される選択画面上で「Command Prompt（既定値）」になっていることを確認できます（図1.38）。

本書は「Windows」端末で講義を実施しています。そのため既定「ターミナル」に「コマンドプロンプト」を設定しましたが、読者の方の中には「Mac」端末などで本書を参照してくれている方もいると思います。その場合は、ご自身の使いやすい「ターミナル」を既定「ターミナル」に設定してください。

1-4 開発環境の構築（VSCode）

図1.38 既定ターミナル設定

03 仮想環境の設定

「ターミナル」で「conda activate fastapi_env」コマンドを入力し、先ほど自分で作成した「仮想環境」を有効化しましょう（**図1.39**）。これで、FastAPIの学習をする準備が完了しました。

次章からは、FastAPIの使い方について詳しく説明していきます（今後FastAPIの学習をするときは、仮想環境「fastapi_env」を「activate」してから実施してください）。

「仮想環境」は作成することで、プロジェクトごとにライブラリのバージョン管理ができるため、開発において非常に便利な機能です。読者の方が今後FastAPI以外のPythonプロジェクトを作成する場合でも、同様の手順で「仮想環境」を作成し、煩雑な環境構築管理から解放されてください。

図1.39 仮想環境有効化

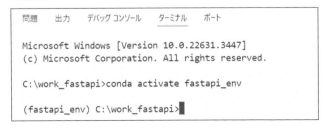

04 配色テーマの変更

　学習において、VSCodeは長期的に使用する「相棒」です。学習意欲がわかない場合は、気分を変えるためにVSCodeの「配色テーマ」を変更してみましょう。

　VSCodeの画面左下にある「歯車」マークをクリックし、「テーマ→配色テーマ」を選択します（**図1.40**）。表示された「コマンドパレット」から好きなテーマをクリックすることで、VSCodeの「配色テーマ」を変更できます。

図1.40 配色テーマ

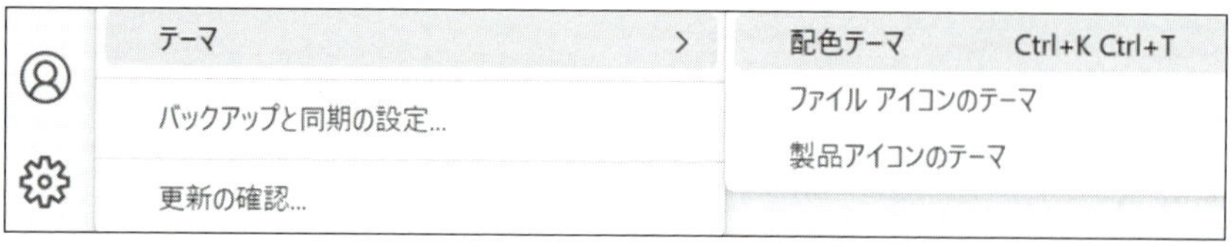

	テーマ	>	配色テーマ	Ctrl+K Ctrl+T
⊗	バックアップと同期の設定...		ファイル アイコンのテーマ	
⚙	更新の確認...		製品アイコンのテーマ	

Column ｜ いつ仮想環境を有効化・無効化するのか？

　VSCodeを閉じる前に、毎回「仮想環境」を「deactivate」して仮想環境を「無効化」する必要はありません。VSCodeは、次回開いたときに前回の作業状態を復元してくれるため、そのまま閉じても問題ありません。

　PCの電源を落とすと、仮想環境は自動的に閉じられます。次回PCを起動し、作業を再開する際には、「仮想環境」を再度「activate」しましょう。

　難しく考えてはいけません。「仮想環境」を「activate」して「仮想環境を有効化」して使用します。「別の仮想環境」を使用したい場合、「deactivate」して「仮想環境」から抜け出してから、「activate」して「別の仮想環境」に切り替えましょう。

　上記より、FastAPIの学習を再開する際には「仮想環境」を再度「activate」して「仮想環境を有効化」することを忘れないようにしましょう。

第2章 FastAPIの基礎

- WebAPIの基礎知識
- FastAPIで「ハローワールド」の作成
- Swagger UIによるドキュメント生成

Section 2-1 WebAPIの基礎知識

FastAPIを学習する前に、まずは「WebAPI」の基本を一緒に学んでいきましょう。「WebAPIって何?」というところから始めて、実際に自分でプログラムを作成します。APIがどんなものか、プログラムを通して理解しましょう。

2-1-1　APIとは?

API（Application Programming Interface）とは、異なるソフトウェア間で情報をやり取りするためのルールや約束事、ざっくりイメージすると「方法」です。APIを使うことで、異なるプログラムが互いにコミュニケーションを取り合い、機能を利用し合うことができます。

現実世界で例える

APIを現実世界で例えると、デリバリーの「電話注文」のようなものです。「お客さん」が「お店」に電話で要求を伝えることで、料理を注文でき、サービスとして「食べ物」を受け取れます（図2.1）。

図2.1　現実世界での例え（API）

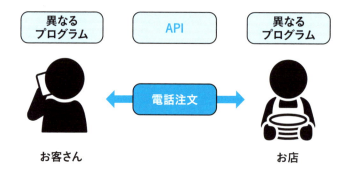

2-1-2　WebAPIとは?

「WebAPI」は、インターネットを介して使用される「API」の一種です。Web技術を利用して他

のソフトウェアと通信を行います。HTTPプロトコル[注1]を使い、Webサーバーとクライアント（Webブラウザや他のWebアプリケーション）間で情報のやり取りを行うことができます。

WebAPIを利用することで、他Webサイトのデータを取得したり、SNSへ投稿したり、オンラインサービスの機能を使用することが可能になります。

WebAPIを使用している具体例

WebAPIの使用例を**表2.1**に示します。

表2.1 WebAPIの使用例

使用例	説明	具体例
天気予報アプリ	最新の天気情報を取得してユーザーに表示します	OpenWeatherMap APIを使用して、世界中の都市の天気予報を取得できます
ソーシャルメディアの統合	アプリ内で直接投稿を共有したり、ソーシャルメディアのフィードを表示します	X APIを使用することで、Webサイトを通さなくてもポストを予約・投稿ができたり、新たなソフトウェアやアプリの開発ができます
地図とナビゲーションサービス	アプリ内で地図を表示したり、経路案内を提供します	Google Maps APIを使用して、店舗の場所を表示または経路を案内できます

2-1-3　WebAPIプログラムの作成

WebAPIを利用したプログラムを作成し、理解を深めましょう。

プロジェクトフォルダとファイルの作成

「1-4-3 ハンズオン環境の作成」で作成した「C:¥work_fastapi」ディレクトリに、今回作成するプログラム用のフォルダを作成します。

VSCode画面にて「新しいフォルダを作る」アイコンをクリックし、プロジェクトフォルダ「webapi」を作成します（**図2.2**）。

図2.2 フォルダの作成

（注1）　HTTPプロトコルとは、インターネット上でWebページやデータをブラウザとサーバー間でやり取りするためのルールのことです。

作成したフォルダを選択後「新しいファイルを作る」アイコンをクリックし、ファイル「main.py」を作成します（図2.3）。

図2.3 ファイルの作成

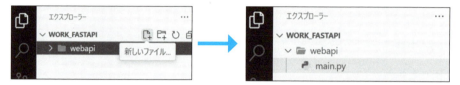

■ コードを書く

作成した「main.py」にリスト2.1のコードを記述します。Windowsの場合**Ctrl + S**キーを押すことでファイルを保存できます。またはVSCode画面ヘッダーにある、「ファイル」→「保存」でファイルを保存してください。

今回のプログラムでは、標準ライブラリ以外も使用するため、pipコマンド[注2]を使用してライブラリをインストールしましょう。ターミナルの仮想環境「fastapi_env」で以下コマンドを実行します。

```
pip install requests
```

リスト2.1 main.py

```
001: # 必要なライブラリをインポート
002: import requests  # HTTPリクエストを送るためのライブラリ
003: import json  # JSONデータを扱うためのライブラリ
004:
005: # 郵便番号APIのURLを指定
006: # (例)郵便番号「7830060」で検索する場合
007: # https://zipcloud.ibsnet.co.jp/api/search?zipcode=7830060
008:
009: # APIを変数に格納
010: url = "https://zipcloud.ibsnet.co.jp/api/search"
011:
012: # ユーザーから郵便番号の入力を受け取る
013: zip = input("郵便番号を入力=>")
014:
015: # APIに送るパラメータを準備
016: # ユーザーが入力した郵便番号をパラメータへ設定
```

（注2） pip（ピップ）はPythonのサードパーティーソフトウェアのPyPI（Python Package Index）からパッケージのダウンロード・インストールを行うためのパッケージ管理コマンドです。

```
017:     param = {"zipcode": zip}
018:
019:     # requests.get()関数を使用して、
020:     # APIにHTTP GETリクエストを送り、レスポンスがresに格納される
021:     res = requests.get(url, param)
022:
023:     # res.textに格納されているJSON形式のレスポンスデータを
024:     # Pythonの辞書型データに変換
025:     data = json.loads(res.text)
026:
027:     # 変換したデータを出力
028:     print(data)
029:
030:     # 見やすくするための区切り
031:     print('*' * 50)
032:
033:     # レスポンスデータから必要な情報を抽出
034:     if data['results'] is not None:
035:         # resultsリストの最初の要素から住所情報を取得
036:         address_info = data['results'][0]
037:
038:         # 郵便番号
039:         zipcode = address_info['zipcode']
040:
041:         # 住所を組み立て
042:         address = f"{address_info['address1']}{address_info['address2']}{address_
                       info['address3']}"
043:
044:         # 整形して表示
045:         print(f"郵便番号: {zipcode} 住所: {address}")
046:     else:
047:         print("住所情報が見つかりませんでした。")
```

　このソースコードは、ユーザーが入力した郵便番号を使用して住所情報を検索するプログラム
です。まず、外部の郵便番号検索サービス（zipcloud）のAPIにHTTPリクエストを送り、その郵
便番号に対応する住所情報を取得します。取得した情報はJSON形式で返されるので、これを
Pythonの辞書型に変換してから、その中から具体的な住所情報を抽出し表示します。もし該当
する住所情報がない場合は、それをユーザーに伝えるメッセージを表示します。

　ソースコード全体にコメントで詳しく処理内容は記述しているため、重要箇所のみ説明します。

　2行目「import requests」はPythonでWebページやAPIにデータを送受信するときに使用する
ライブラリです。簡単に言うと、インターネット上の情報とやり取りするための道具で、このライ
ブラリを使うことでプログラムがインターネット上の情報にアクセスできるようになります。

　5～7行目で今回使用するWebAPIの使い方をコメントで記述しています。

　21行目「res = requests.get(url, param)」は、requestsライブラリを使用して、特定のURLに向

けてHTTP GETリクエストを送信しています。リクエストの際には、paramという変数に格納されたパラメータをURLのクエリパラメータとして付加しています。

実行する

作成した「main.py」を選択し、マウスを右クリックするとダイアログが表示されます。その中の「Run Python File in Terminal：ターミナルでPythonファイルを実行する」をクリックすると、ターミナルに「郵便番号を入力＝＞」と表示されます。

皇居の郵便番号である「1000002」を入力すると、郵便番号検索サービス（zipcloud）からWebAPIを通して、郵便番号に対応する住所の情報を取得できることが確認できます（**図2.4**）。

図2.4 実行結果

```
郵便番号を入力＝＞1000002
{'message': None, 'results': [{'address1': '東京都', 'address2': '千代田区', 'address3': '皇居
外苑', 'kana1': 'トウキョウト', 'kana2': 'チヨダク', 'kana3': 'コウキョガイエン', 'prefcode': '13', 'zipcode'
'1000002'}], 'status': 200}
***************************************************
郵便番号: 1000002 住所: 東京都千代田区皇居外苑
```

プログラムの実行イメージ

今回作成したプログラム内で使用したWebAPIは、「ZipCloudの郵便番号検索API」です。これはREST方式で日本の郵便番号データを検索するサービスです。

　URL：http://zipcloud.ibsnet.co.jp/doc/api

WebAPIのREST方式とは、インターネット上で情報をやりとりする際に、Webの技術や原則に基づいて設計されたシンプルで標準化されたインターフェースのことです。

① ユーザーはPythonプログラムで、住所を検索したい「郵便番号」を含めてリクエストを送ります
②「郵便番号データ検索サービス」はリクエストを受け取り、対応する「住所情報」を返却します

このWebAPIは簡単なURLにパラメータを追加することで利用でき、レスポンスには住所、都道府県コード、住所のカナ表記などが含まれます（**図2.5**）。

図2.5 実行イメージ

Column｜VSCodeで「Pythonインタープリタ」の変更

○ Pythonインタープリタとは？

Pythonインタープリタは、Pythonコードを実行するためのプログラムです。VSCodeの右下にある部分をクリックすると、Pythonのバージョンや仮想環境を選択できます。これは、コードがどのPython環境で実行されるかを決定する重要な設定です。

○ なぜ重要なのか？

プロジェクトによっては、異なるPythonのバージョンや依存関係を使用することがあります。例えば、あるプロジェクトではPython 3.8を使い、別のプロジェクトではPython 3.10を使うといったケースです。このとき、正しいPythonインタープリタを選択することで、そのプロジェクトに適した環境でコードを実行できます。

○ どうやって使うのか？

右下にある「Python 3.x.x」と表示されている部分をクリックします。

○ インタープリタを選択

使用したいPythonのバージョンや仮想環境を選択します。今回は「fastapi_env」を選択してください。

○ インタープリタの確認

右下の表示が「fastapi_env」のPythonインタープリタが表示されます。

Section

2-2 FastAPIで「ハローワールド」の作成

「WebAPI」についてイメージできたと仮定して、次は「FastAPI」を使用して、プログラミングの世界で最も有名な例「ハローワールド」を作成しましょう。FastAPIを使用することで、WebAPIを簡単に作成することができます。実際に「ハローワールド」のWebアプリケーションを作成することで、FastAPIの簡単な使い方を学びましょう。

2-2-1 必要なライブラリのインストール

ASGIサーバーである「Uvicorn」をインストールします。Uvicornは、Python用の非常に高速なASGIサーバーです。ASGI（Asynchronous Server Gateway Interface）は、非同期プログラミングをサポートするために設計されたPythonの標準インターフェースで、Webアプリケーションとサーバー間の通信を仲介します。

「Uvicorn」を簡単に説明すると、作成したWebアプリケーションを稼働させる「エンジン」のようなものです。車に例えると、エンジンがなければ車は動きません。同じように、「Uvicorn」がWebアプリケーションの「エンジン」となって、「FastAPIで作成したWebアプリ」をインターネット上で皆がアクセスできるようにしてくれます。

☐ インストール

pipコマンドを実行し、「Uvicorn」をインストールします。

```
pip install uvicorn
```

マインドマップを用いて、「Uvicorn」の内容を整理します（**図2.6**）。

図2.6　マインドマップ（uvicorn）

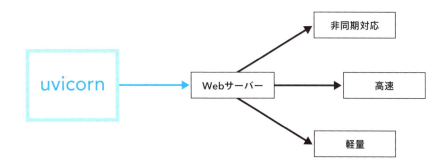

2-2-2　はじめてのFastAPIプログラムの作成

■ プロジェクトフォルダとファイルの作成

「1-4-3 ハンズオン環境の作成」で作成した「C:¥work_fastapi」ディレクトリに、今回作成するプログラム用のプロジェクトフォルダを作成します。

VSCode画面にて「新しいフォルダを作る」アイコンをクリックし、フォルダ「fatsapi_hello」を作成し、作成したフォルダを選択後「新しいファイルを作る」アイコンをクリックし、ファイル「main.py」を作成します（図2.7）。

図2.7　フォルダとファイルの作成

■ コードを書く

作成した「main.py」にリスト2.2のコードを記述します。

リスト2.2　main.py

```
001: # 必要なライブラリをインポート
002: from fastapi import FastAPI
003:
004: # FastAPIのインスタンスを作成
005: app = FastAPI()
006:
007: # GETかつエンドポイント「/」で呼ばれる関数
008: @app.get("/")
009: async def get_hello():
010:     return {"message": "Hello World"}
```

ソースコード全体にコメントで詳しく処理内容は記述しているため、重要箇所のみ説明します。

8行目「@app.get("/")」は「デコレータ」と呼ばれるものです。デコレータは、関数に追加の機能を付与するために使用されます。まるで「飾り付け」をするかのように、既存のコードに新しい機能を「上から被せる」ことができることから「デコレータ」と呼ばれます。デコレータ部分を分解して説明します（**表2.2**）。

表2.2 デコレータ解説

部分	説明
@app	FastAPIのインスタンスを表し、このインスタンスに対してWebアプリケーションの設定やルーティング（特定のアドレスにアクセスがあったときの動作）を行います
get	HTTPのGETメソッドを使用して、特定のエンドポイントに対するリクエストを処理します
"/"	エンドポイントのアドレスを指定します

「エンドポイント」はWebアプリケーションやAPIで特定の機能にアクセスするためのURLの一部です。「@app.get("/")」は、GETかつエンドポイント「'/'」で関数（get_hello）を実行するようFastAPIに指示します。

9行目「async」は、「非同期」という意味です。これを関数の前に置くことで、その関数は「非同期関数」となります。「非同期」については後の章で詳しく説明しますのでお待ちください。

実行する

フォルダ「fatsapi_hello」を選択し、右クリックして表示されるダイアログにて「統合ターミナルで開く」を選択し、ターミナルを表示させます。選択したプロジェクトがカレントディレクトリになります（**図2.8**）。カレントディレクトリとは、現在作業しているディレクトリ（フォルダ）のことを指します。仮想環境が「fastapi_env」でない場合は、「conda activate fastapi_env」コマンドを実行します。

図2.8 統合ターミナルで開く

カレントディレクトリが選択されたターミナルでサーバーを起動するため、以下のコマンドを実行します（**図2.9**）。

2-2 FastAPIで「ハローワールド」の作成

```
uvicorn main:app --reload
```

図2.9 実行

```
(fastapi_env) C:\work_fastapi\fastapi_hello>uvicorn main:app --reload
INFO:     Will watch for changes in these directories: ['C:\\work_fastapi\\fastapi_hello']
INFO:     Uvicorn running on http://127.0.0.1:8000 (Press CTRL+C to quit)
INFO:     Started reloader process [18884] using WatchFiles
INFO:     Started server process [3024]
INFO:     Waiting for application startup.
INFO:     Application startup complete.
```

コマンドを分解して説明します（**表2.3**）。

表2.3 サーバー起動コマンド詳細

コマンド/引数	説明
uvicorn	Uvicornを起動するためのコマンド。Uvicornは、非同期Webサーバーゲートウェイインターフェース（ASGI）に対応した軽量で高速なWebサーバーです
main:app	mainはPythonファイル名（.py拡張子は除く）、appはそのファイル内でFastAPIアプリケーションのインスタンスを指している変数名です。つまり、main.pyファイルの中のappという名前のFastAPIアプリケーションを指定しています
--reload	開発中にソースコードが変更された場合、自動的にサーバーを「再起動」するオプションです。これにより、コードを変更するたびに手動でサーバーを再起動する必要がなくなり、開発プロセスがスムーズになります

「Uvicorn」が起動したことを確認後、ターミナル上に表示された「http://127.0.0.1:8000/」を「**Ctrl + クリック**」でリンクにアクセスします。ブラウザ画面に、GETかつエンドポイント「/」で呼ばれる関数の戻り値である{"message": "Hello World"}が表示されます（**図2.10**）。

図2.10 表示

```
{
    message: "Hello World"
}
```

「Uvicorn」を停止する場合は、「**Ctrl + C**」を実行してください。

簡易ではありますが、「FastAPI」を使用して「ハローワールド」を表示するアプリケーションの作成が完了しました。ここまでの説明では「FastAPI」の魅力についてまだ触れていませんが、次は「FastAPI」の利点の1つ「自動ドキュメント作成」について説明します。

Section 2-3 Swagger UIによる ドキュメント生成

FastAPIは、「Swagger UI」を活用して自動的にドキュメントを生成します。開発サーバーが動いているとき、指定されたURLにアクセスするだけで、ドキュメントを簡単に閲覧できます。「Swagger UI」で作成されたドキュメントを体験しましょう。

2-3-1 Swagger UIとは？

Swagger UIは、FastAPIの強力な機能の1つで、APIがどのように動作するかを理解しやすくするために、エンドポイント、リクエストの方法、そしてパラメータなどを文書化し、テストできるインターフェースを提供します。

☐ 表示する

ターミナルでカレントディレクトリを「fastapi_hello」に合わせ、以下のコマンドを実行し「Uvicorn」を起動します。

```
uvicorn main:app --reload
```

ブラウザのアドレスバーに「http://127.0.0.1:8000/docs」を入力することで「Swagger UI」にアクセスできます（**図2.11**）。

図2.11 Swagger UI①

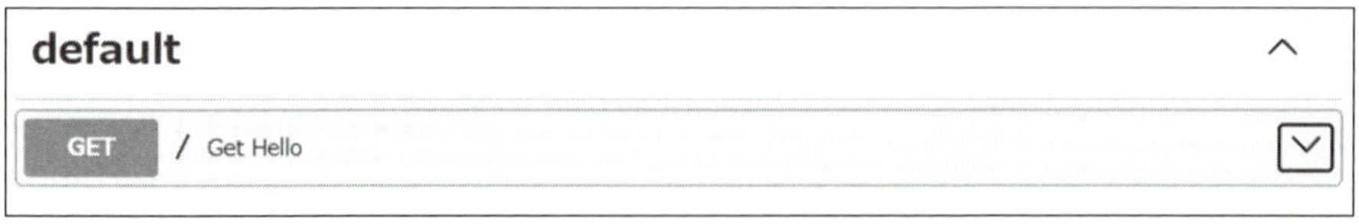

default	∧
GET / Get Hello	∨

画面項目について**表2.4**に示します。

48

2-3 Swagger UIによるドキュメント生成

● 表2.4　Swagger UI項目

項目	説明
GET / Get Hello	GETかつエンドポイント「/」で呼ばれる「ルーティング」を示します。 Get Helloはget_hello関数を示しています

※ FastAPIのルーティングは、Webアプリケーションにおける URLのパスに対応する特定の関数を割り当てる仕組みのことです。

　図2.12の画面枠をクリックして、詳細表示にします。「Parameters」と「Responses」の項目が表示されます（図2.13、図2.14）。

● 図2.12　Swagger UI②

● 図2.13　Swagger UI③

「Parameters」画面項目について表2.5に示します。

● 表2.5　「Parameters」画面項目

項目	説明
Parameters	このリクエストにはパラメータが必要ないことを示しています（「No parameters」と記載）
Try it out	このボタンを押すと、実際にリクエストを試すことができます

● 図2.14　Swagger UI④

49

「Responses」画面項目について**表2.6**に示します。

表2.6 「Responses」画面項目

項目	説明
Code	サーバーからの応答を示しており、「200」という数字はリクエストが成功したことを表しています
Media type	レスポンスで返されるデータの形式を指定しています。ここでは「application/json」が選ばれており、JSON形式でデータが返されることを意味しています
Example Value	レスポンスとして期待されるデータの例を示しています。ここではシンプルな文字列データ「string」がJSONオブジェクトとして返されることを表しています
Controls Accept header	クライアントがサーバーに期待するレスポンスのタイプを伝えるためにHTTPリクエストのAcceptヘッダーを制御します
Schema	レスポンスデータの構造を定義したスキーマです。クリックすることで表示を切り替えられます。どのような形式のデータが返されるかの詳細な定義が記述されています。anyというキーワードは、Swagger UIのスキーマ定義において、どのような型でも良いということを示します

■ リクエストを送る

「Try it out」ボタンをクリックすると、「Execute」ボタンが表示されるので、「Execute」ボタンをクリックします（**図2.15**、**図2.16**）。

図2.15 Swagger UI⑤

図2.16 Swagger UI⑥

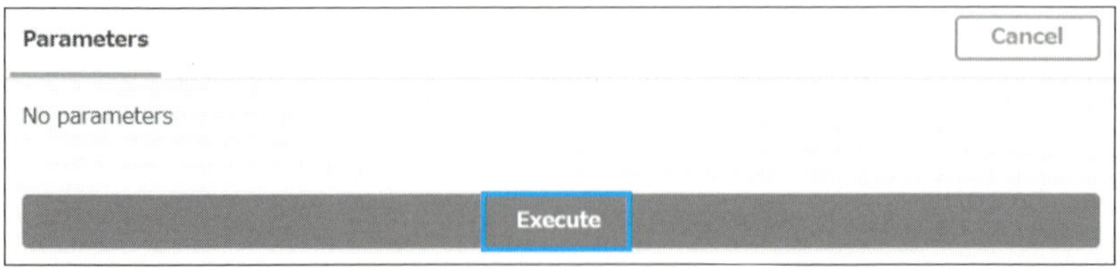

「Responses」が表示されます（**図2.17**、**図2.18**）。

図2.17 Swagger UI ⑦

「Responses」画面項目について**表2.7**に示します。

表2.7 「Responses」画面項目

項目	説明
Curl	同じリクエストをコマンドラインツールであるcurlを使用して行うためのコマンドです
Request URL	実際にWebブラウザを使用してアクセスする場合のURLを示しています

図2.18 Swagger UI ⑧

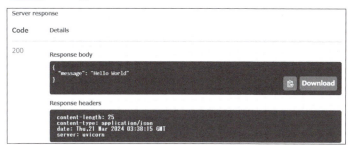

「Server response」画面項目について**表2.8**に示します。

表2.8 「Server response」画面項目

項目	説明
Code	HTTPステータスコードです。「200」が表示されており、リクエストが成功したことを意味しています
Response body	サーバーからのレスポンス本体です。JSON形式のメッセージ「{"message": "Hello World"}」が表示されています
Response headers	レスポンスに含まれるHTTPヘッダーの情報です。「content-length」はレスポンスのサイズ、「content-type」はレスポンスの種類（ここではJSON）、それにレスポンスの日付とサーバータイプ（uvicorn）が表示されています

2-3-2 Swagger UIの役割

　Swagger UIを簡単に説明すると、作成したWebアプリケーションで「できること」を、インターフェースで見せてくれる「コンシェルジュ」のようなものです。つまり、Webアプリケーションがどんなパス URLを持っていて、それぞれのパスで何ができるのか（GETでデータを取得する、POSTでデータを送信するなど）を一覧で見せてくれます（図2.19）。

図2.19　Swagger UIのイメージ

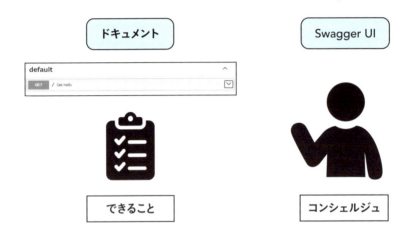

利点

　Swagger UIを使用する利点を表2.9に示します。

表2.9　Swagger UIを使用する利点

利点	説明
実践的なテスト	ブラウザ上でリアルタイムにAPIエンドポイントをテストし、リクエストに対するレスポンスを直接確認できます
自動ドキュメント更新	コードの変更に伴い、ドキュメントが自動的に更新されるため、ドキュメントの保守が不要で常に最新の状態を維持できます
簡単なアクセス	/docsのパスをWebアプリケーションのURLに追加するだけで、Swagger UIにアクセスしAPIドキュメントを閲覧できます
直感的な探索	APIのすべてのエンドポイントとその説明が一覧表示されるため、利用可能な操作を簡単に把握できます
便利なエンドポイント試験	エンドポイントの「Try it out」機能を使用して、入力パラメータを指定し、エンドポイントを試すことができます

　上記利点については、後の章でWebアプリケーションを作成しながら学習していきましょう。

第 **3** 章

型ヒント（タイプヒント）

型ヒントとは？

型ヒントの使用方法（Optional型）

型ヒントの使用方法（Annotated）

「|（パイプ）演算子」とは？

Section 3-1 型ヒントとは？

ここでは、FastAPIを利用する上で強力なサポートとなる「型ヒント」について説明します。型ヒントは「Python 3.5以降」で導入された機能で、関数のパラメータや戻り値の型をコード上で明示するために使用されます。

3-1-1 型ヒントの基本

Pythonは、変数や関数が特定の型に制約されず、実行時にその型が決定される「動的型付け言語」です。これにより、コードは柔軟で書きやすくなりますが、大規模なプログラムを複数人で開発する場合、型の不明瞭さがデバッグを難しくしたり、誤解を生じさせる原因になることがあります。

Pythonの「型ヒント（type hints）」は、変数や関数のパラメータ、戻り値などがどの種類（タイプ）のデータであるかを指定するための機能です。

型ヒントはPythonランタイムによって強制されるわけではありません。つまり、実行時に型の違反が自動的にエラーとなるわけではありませんが、コードの可読性を高め、開発者間の明確なコミュニケーションを促進してくれます。

マインドマップを用いて、「型ヒント」の内容を整理します。

図3.1　マインドマップ（型ヒント）

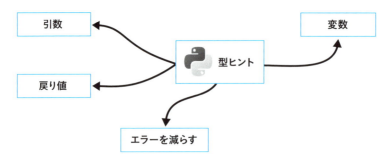

3-1-2 型ヒントの記述方法

型ヒントをPythonで記述する方法は、関数のパラメータの後ろにコロン（:）を付けて、その後に型名を書きます。戻り値については、閉じ括弧の後に矢印（->）を付けて、その後に型名を書いて示します。

3-1 型ヒントとは?

```
def greet(name: str) -> str:
    return f'Hello, {name}'
```

上記の例では、greet関数はnameというstr（文字列）型のパラメータを取り、戻り値としてstr（文字列）型の値を返すということが「型ヒント」を通して示されています。

3-1-3 型ヒントプログラムの作成

型ヒントを利用したプログラムを作成し、理解を深めましょう。

■ プロジェクトフォルダとファイルの作成

「1-4-3 ハンズオン環境の作成」で作成した「C:¥work_fastapi」ディレクトリに、今回作成するプログラム用のフォルダを作成します。

VSCode画面にて「新しいフォルダを作る」アイコンをクリックし、フォルダ「typehints」を作成し、作成したフォルダを選択後「新しいファイルを作る」アイコンをクリックし、ファイル「main.py」を作成します（**図3.2**）。

図3.2 フォルダとファイルの作成

■ コードを書く

作成した「main.py」に**リスト3.1**のコードを記述します。

リスト3.1 main.py

```
001: # 整数型の「型ヒント」
002: # 引数：整数型、戻り値：文字列型
003: def add(num1: int, num2: int) -> str:
004:     # 変数に「型ヒント」
005:     result:str = '足し算結果=>'
006:     return result + str(num1 + num2)
007:
008: # 文字列型の「型ヒント」
```

```python
009:     # 引数：文字列型、戻り値：文字列型
010:     def greet(name: str) -> str:
011:         return f"おはよう！{name}!"
012:
013:     # 浮動小数点型の「型ヒント」
014:     # 引数：浮動小数点型、戻り値：浮動小数点型
015:     def divide(dividend: float, divisor: float) -> float:
016:         return dividend / divisor
017:
018:     # リスト型の「型ヒント」
019:     # 3.8以前の書き方
020:     from typing import List
021:     # 引数：リスト「整数型」、戻り値：リスト「整数型」
022:     def get_first_three_elements(elements: List[int]) -> List[int]:
023:         return elements[:3]
024:
025:     # 辞書型の「型ヒント」
026:     # 3.8以前の書き方
027:     from typing import Dict
028:     # 引数：辞書「文字列型、整数型」、文字列型、戻り値：整数型
029:     def get_value(dictionary: Dict[str, int], key: str) -> int:
030:         return dictionary[key]
031:
032:     # Python 3.9からは、「型ヒント」でのリストや辞書などの
033:     # 標準コレクションの指定方法が簡略化されました。
034:     # リストの「型ヒント」
035:     # 引数：リスト「文字列型」、戻り値：なし
036:     def process_items(items: list[str]) -> None:
037:         for item in items:
038:             print(item)
039:
040:     # 辞書の「型ヒント」
041:     # 引数：リスト「文字列型」、戻り値：辞書「文字列型、整数型」
042:     def count_characters(word_list: list[str]) -> dict[str, int]:
043:         # 変数に「型ヒント」
044:         count_map: dict[str, int] = {}
045:         for word in word_list:
046:             # キー：文字列、値：文字列に対応する文字数
047:             count_map[word] = len(word)
048:         return count_map
049:
050:     # =============================================================
051:     # 呼び出し
052:     # =============================================================
053:     # 整数型の「型ヒント」を使用する関数を呼び出す
054:     result_add = add(10, 20)
055:     print(result_add)
056:
```

```
057:  # 文字列型の「型ヒント」を使用する関数を呼び出す
058:  greeting = greet("タロウ")
059:  print( greeting)
060:
061:  # 浮動小数点型の「型ヒント」を使用する関数を呼び出す
062:  result_divide = divide(10.0, 2.0)
063:  print("割り算の結果＝>", result_divide)
064:
065:  # リスト型の「型ヒント」を使用する関数を呼び出す（3.9以前の書き方）
066:  elements = get_first_three_elements([1, 2, 3, 4, 5])
067:  print("最初から値を3個取り出す＝>", elements)
068:
069:  # 辞書型の「型ヒント」を使用する関数を呼び出す（3.9以前の書き方）
070:  value = get_value({'a': 1, 'b': 2, 'c': 3}, 'b')
071:  print("キーワード「b」に対する値は＝>", value)
072:
073:  # リスト型の「型ヒント」を使用する関数を呼び出す（Python 3.9以降の書き方）
074:  process_items(["リンゴ", "ゴリラ", "ラッパ"])
075:
076:  # 辞書型の「型ヒント」を使用する関数を呼び出す（Python 3.9以降の書き方）
077:  character_counts = count_characters(["apple", "amazon", "google"])
078:  print("文字に対する文字数は＝>", character_counts)
```

ソースコードで定義している関数を**表3.1**に示します。

表3.1 ソースコード詳細

行数	関数名	引数	戻り値	説明
3〜6	add	num1: int, num2: int	str	引数で渡された2つの整数を加算し、結果を文字列として返す
10〜11	greet	name: str	str	引数で与えられた名前を、挨拶に付与してメッセージを返す
15〜16	divide	dividend: float, divisor: float	float	引数で渡された2つの浮動小数点数を割り算し、結果を浮動小数点数として返す
20〜23	get_first_three_elements	elements: List[int]	List[int]	引数で渡されたリストから、最初の3つの要素を取り出して返す（3.8以前）
27〜30	get_value	dictionary: Dict[str, int], key: str	int	引数で渡された辞書から、指定されたキーに対応する値を取得する（3.8以前）
36〜38	process_items	items: list[str]	None	引数で渡された文字列のリストを処理し、各要素を出力する（3.9以降）
42〜48	count_characters	word_list: list[str]	dict[str, int]	引数で渡された文字列のリストの各単語の文字数を数え、それを辞書で返す（3.9以降）

各関数は型ヒントを用いて引数と戻り値の型を明確にしています。Python 3.9以降では、標準コレクションの型ヒントが簡略化されており、typingモジュールを使用せずにリストや辞書の型を直接使用できるようになりました。これにより、コードの可読性が向上し、より簡潔に型を指定することが可能になっています。

■ 実行する

　作成した「main.py」を選択し、マウスを右クリックするとダイアログが表示されます。その中の「ターミナルでPythonファイルを実行する」をクリックすると、ターミナルに結果が表示されます（図3.3）。

図3.3　実行結果

```
足し算結果＝＞30
おはよう！タロウ!
割り算の結果＝＞ 5.0
最初から値を3個取り出す＝＞ [1, 2, 3]
キーワード「b」に対する値は＝＞ 2
リンゴ
ゴリラ
ラッパ
文字に対する文字数は＝＞ {'apple': 5, 'amazon': 6, 'google': 6}
```

　型ヒントの使用方法をイメージできましたでしょうか。

Section 3-2 型ヒントの使用方法 （Optional型）

型ヒントを使用するときによく利用する「Optional型」について説明します。
「Optional型」は変数が特定の型を持つか、またはNone（値が存在しないことを示す特別な値）を持つ可能性がある場合に使用され、Python 3.5から導入されました。

3-2-1 Optional型とは？

例えば、関数の「戻り値」で整数を返すことが期待されるが、何らかの理由で値を返せない場合があるとします。このような状況でOptional[int]を戻り値の型ヒントとして使用できます。Optional[int]は、戻り値がint型であるか、または「何も返さない（Noneを返す）場合があること」を示します。これにより、関数の使用者は戻り値を扱う際にNoneの可能性を考慮する必要があり、より安全なコードを書くことができます。

```
from typing import Optional

def function_name(parameter: Optional[int] = None) -> Optional[int]:
    # 関数の実装
```

「from typing import Optional」を行うことで、Pythonで変数や関数の引数が特定の型を持つか、またはNone（何もない状態）を持つ可能性があることを示す「Optional型」を使用できます。

区分	文字	説明
引数	(parameter: Optional[int] = None)	引数parameterがint型のデータか、Noneが設定できることを表します。つまりOptional[int] = None は、関数の引数にint型の値が与えられることを期待しているものの、引数に何も渡されない場合にはデフォルト値としてNoneを使用します
戻り値	-> Optional[int]	戻り値は、関数がint型の値またはNoneを返すことを表します

マインドマップを用いて、「Optional」の内容を整理します（図3.4）。

図3.4　マインドマップ（Optional型）

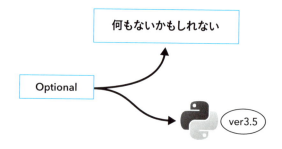

3-2-2　Optional型を使用するプログラムの作成

☐ プロジェクトフォルダとファイルの作成

「1-4-3 ハンズオン環境の作成」で作成した「C:¥work_fastapi」ディレクトリに、今回作成するプログラム用のプロジェクトフォルダを作成します。

VSCode画面にて「新しいフォルダを作る」アイコンをクリックし、フォルダ「optional」を作成し、作成したフォルダを選択後「新しいファイルを作る」アイコンをクリックし、ファイル「main.py」を作成します。

☐ コードを書く

作成した「main.py」にリスト3.2のコードを記述します。

リスト3.2　main.py

```
from typing import Optional

# ユーザー情報を持つプロフィール返却する関数
# 引数：文字列型、文字列型/Optional、数値型/Optional
# 戻り値：辞書型
def get_profile(
        email: str,
        username: Optional[str] = None,
        age: Optional[int] = None
) -> dict:
    profile = {"email": email}
    if username:
        # usernameが引数に存在すれば、辞書型へ追加
        profile["username"] = username
    if age:
        # ageが引数に存在すれば、辞書型へ追加
        profile["age"] = age
    return profile
```

```
019:
020:    # ==============================================================
021:    # 呼び出し
022:    # ==============================================================
023:    # usernameとageを指定しない場合
024:    user_profile = get_profile(email="user@example.com")
025:    # 表示
026:    print(user_profile)
027:
028:    # usernameとageの両方を指定する場合
029:    complete_profile = get_profile(email="user@example.com",
030:        username="元太", age=30)
031:    # 表示
032:    print(complete_profile)
```

ソースコードで定義している関数を**表3.2**に示します。

表3.2 ソースコード詳細

行数	関数名	引数	戻り値	説明
6〜18	get_profile	email: str, username: Optional[str] = None,age: Optional[int] = None	dict	引数で渡された値に対応する ユーザーのプロフィール情報を 辞書形式で返す

emailは必須引数、usernameとageはオプショナル（任意）でデフォルト値としてNoneが設定されています。引数にusernameやageが提供される場合、これらの情報はプロフィールの辞書型に追加されます。最初の呼び出しではemailのみが設定され（24行目）、2回目の呼び出しではemail、username、ageが全て設定されます（29〜30行目）。それぞれの呼び出しで生成されたプロフィール情報がコンソールに表示されます。

1行目の「from typing import Optional」でOptionalを読み込み、8〜9行目で引数に型ヒントとして「Optional」型を設定し、10行目で戻り値に辞書型を設定しています。

☐ 実行する

フォルダ：optional ＞ ファイル：main.pyを選択し、マウスを右クリックして「ターミナルでPythonファイルを実行する」をクリックすると、ターミナルに結果が表示されます（**図3.5**）。

図3.5 結果

```
{'email': 'user@example.com'}
{'email': 'user@example.com', 'username': '元太', 'age': 30}
```

Optional型の使用方法をイメージできましたでしょうか。

Section 3-3

型ヒントの使用方法 （Annotated）

ここでは、型ヒントに追加情報を付け加える「Annotated」について説明します。Annotatedを使うと、型ヒントに追加情報を付け加えることができます。これは、ただの型を示すだけでなく、その型がどのような条件を満たすべきか、またはどのように使われるべきかという追加の説明を付けたいときに役立ちます。

3-3-1 Annotatedとは？

例えば、ある関数が受け取るパラメータが文字列であることはわかっていても、その文字列が特定のフォーマット（例えば、メールアドレス）を満たしている必要があるとします。Annotatedを使用して、そのような情報を「型ヒント」に付け加えることができます。

例

```
from typing import Annotated

def process_email(email: Annotated[str, "有効なメールアドレスの必要がある"]):
    # emailを処理するコード
```

「from typing import Annotated」をすることで「Annotated」を使用できます。これはPythonの「型ヒント」で変数や関数の引数に追加の情報や制約を指定するために使用される、Python 3.9以降で導入された機能です。

この例では、emailパラメータは文字列型ですが、「Annotated」を使用して「有効なメールアドレスの必要がある」という注釈を付けています。この注釈により、他のプログラマーがこのコードを見た時に、ただの文字列ではなく、メールアドレスとしての文字列が期待されていることを明確に伝えるのに役立ちます。

Annotated型は実際のプログラムの実行には影響しませんが、コードを読む人がより多くの情報を得られるようになります。また、様々なツールやライブラリがこの追加情報を使用して、より強力なチェックを行ったり、コードを自動的に処理したりすることが可能になります。

マインドマップを用いて、「Annotated」の内容を整理します（図3.6）。

3-3 型ヒントの使用方法（Annotated）

図 3.6 マインドマップ（Annotated型）

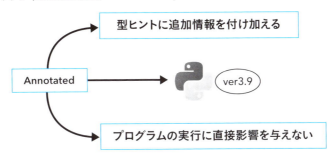

3-3-2 Annotated型を使用するプログラムの作成

☐ プロジェクトフォルダとファイルの作成

「1-4-3 ハンズオン環境の作成」で作成した「C:¥work_fastapi」ディレクトリに、今回作成するプログラム用のプロジェクトフォルダを作成します。

VSCode画面にて「新しいフォルダを作る」アイコンをクリックし、フォルダ「annotated」を作成し、作成したフォルダを選択後「新しいファイルを作る」アイコンをクリックし、ファイル「main.py」を作成します。

☐ コードを書く

作成した「main.py」に**リスト 3.3**のコードを記述します。

リスト 3.3 main.py

```
001: from typing import Annotated
002:
003: # 引数で渡された整数値が指定された範囲内にあるかを
004: # チェックする関数
005: # 引数：数値型 (Annotated)
006: # 戻り値：None
007: def process_value(
008:     value: Annotated[int, "範囲: 0 <= value <= 100"]
009:     )-> None:
010:     # 値が指定された範囲内にあるかチェックする
011:     if 0 <= value <= 100:
012:         # 値が範囲内の場合の処理
013:         print(f"受け取った値は範囲内です: {value}")
014:     else:
015:         # 値が範囲外の場合の処理
016:         raise ValueError(f"範囲外の値です。受け取った値: {value}")
017:
018: # ============================================================
```

```
019:    # 呼び出し
020:    # ================================================================
021:    # 正しい値で関数をテスト
022:    process_value(50)
023:
024:    # 範囲外の値で関数をテストし、エラーを確認
025:    try:
026:        process_value(150)
027:    except ValueError as e:
028:        print(e)
```

ソースコードで定義している関数を**表3.3**に示します。

表3.3 ソースコード詳細

行数	関数名	引数	戻り値	説明
7〜16	process_value	value: Annotated[int, "範囲: 0 <= value <= 100"]	None	引数で渡された整数値が指定された範囲内にあるかをチェックします

7行目「process_value関数」の引数valueに「Annotated」型を使用して、「"範囲: 0 <= value <= 100"」というメタデータ（コメント）を付与しています。このコメントは実際のプログラムの動作には影響を与えませんが、この引数が期待する値の範囲について他の開発者に情報を提供します。

この使用方法だけでは「Annotated」型の利点があまり感じられません。「Annotated」型は、FastAPIが提供する機能と組み合わせて、「型に関する」より詳細な指示を提供する場合に効果を発揮します。これにより、コードの可読性と安全性が向上し、より明確なAPIドキュメントやバリデーションルール[注1]を実現できます。上記機能については後の章で「FastAPI」と絡め詳しく説明するのでお待ちください。

☐ 実行する

フォルダ：annotated→ファイル：main.pyを選択し、マウスを右クリックして「ターミナルでPythonファイルを実行する」をクリックすると、ターミナルに結果が表示されます（**図3.7**）。

図3.7 結果

```
受け取った値は範囲内です: 50
範囲外の値です。受け取った値: 150
```

Annotated型の使用方法をイメージできましたでしょうか。

（注1） バリデーションルールとは、データが正しい形式であるかを確認するための一連の条件やルールのことです。

Section 3-4 「|（パイプ）演算子」とは？

型ヒントにおいて「または」という意味を持てる「|（パイプ）演算子」について説明します。「|演算子」を使うと、2つの型のいずれか一方を示すことができます。「|演算子」はPython 3.10から導入されました。

3-4-1 「|（パイプ）演算子」とは？

例えば、int | strは、「整数型または文字列型」と解釈され、変数が「整数または文字列」のどちらかであることを「型ヒント」として指定できます。これにより、型ヒントがより読みやすく柔軟になります。

例

```
def greet(name: str | None) -> str:
    if name is None:
        return "こんにちは、ゲストさん!"
    else:
        return f"こんにちは、{name}さん!"
```

この例では、greet関数の引数nameは、「str型（文字列）またはNone」のいずれかであることを示しています。戻り値は常にstr型です。

マインドマップを用いて、「|（パイプ）演算子」の内容を整理します（図3.8）。

図3.8　マインドマップ（|演算子）

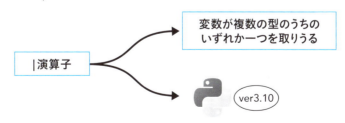

3-4-2 「|(パイプ)演算子」を使用するプログラムの作成

プロジェクトフォルダとファイルの作成

「1-4-3 ハンズオン環境の作成」で作成した「C:¥work_fastapi」ディレクトリに、今回作成する
プログラム用のプロジェクトフォルダを作成します。

VSCode画面にて「新しいフォルダを作る」アイコンをクリックし、フォルダ「union」を作成し、
作成したフォルダを選択後「新しいファイルを作る」アイコンをクリックし、ファイル「main.py」
を作成します。

コードを書く

作成した「main.py」に**リスト3.4**のコードを記述します。

リスト3.4　main.py

```
001:  # 関数の引数がint型かstr型のいずれかであることを指定し
002:  # 結果を返す関数
003:  # 引数：整数型/文字列型
004:  # 戻り値：文字列型
005:  def parse_input(value: int | str) -> str:
006:      # 型判定
007:      if isinstance(value, int):
008:          return f"値は整数型です=> {value}"
009:      elif isinstance(value, str):
010:          return f"値は文字列型です=> {value}"
011:      else:
012:          raise ValueError("引数が整数型/文字列型ではありません")
013:
014:  # ============================================================
015:  # 呼び出し
016:  # ============================================================
017:  print(parse_input(123))        # 整数を渡す
018:  print(parse_input("abc"))      # 文字列を渡す
019:  print(parse_input(99.9))       # 浮動小数点を渡す
```

ソースコードで定義している関数を**表3.4**に示します。

表3.4　ソースコード詳細

行数	関数名	引数	戻り値	説明
5〜12	parse_input	value: int | str	str	関数の引数がint型かstr型のいずれかであることを指定し、対応する文字列結果を返します

66

引数valueは整数型（int）または文字列型（str）のいずれかを受け取れるように「|演算子」を利用しています。関数は引数の型に応じて異なるメッセージを返します。整数が渡された場合はその数値を、文字列が渡された場合はその文字列をメッセージに含んで返します。もし整数型や文字列型以外の型が渡された場合は、ValueErrorを発生させます。

7、9行目で使用している「isinstance関数」は、あるオブジェクトが特定のクラスかそのサブクラスのインスタンスであるかをチェックするために使用します。例えば、isinstance(obj, int)はobjが整数（int型）の場合にTrueを返します。

実行する

フォルダ：union→ファイル：main.pyを選択し、マウスを右クリックして「ターミナルでPythonファイルを実行する」をクリックすると、ターミナルに結果が表示されます（図3.9）。

図3.9　結果

```
値は整数型です＝＞ 123
値は文字列型です＝＞ abc
Traceback (most recent call last):
  File "c:\work_fastapi\union\main.py", line 19, in <module>
    print(parse_input(99.9))    # 浮動小数点を渡す
          ^^^^^^^^^^^^^^^^^
  File "c:\work_fastapi\union\main.py", line 12, in parse_input
    raise ValueError("引数が整数型/文字列型ではありません")
ValueError: 引数が整数型/文字列型ではありません
```

「|演算子」の使用方法をイメージできましたでしょうか。

マインドマップを用いて、今まで説明した「型ヒントのまとめ」の内容を整理します（図3.10）。

図3.10　マインドマップ（型ヒント）

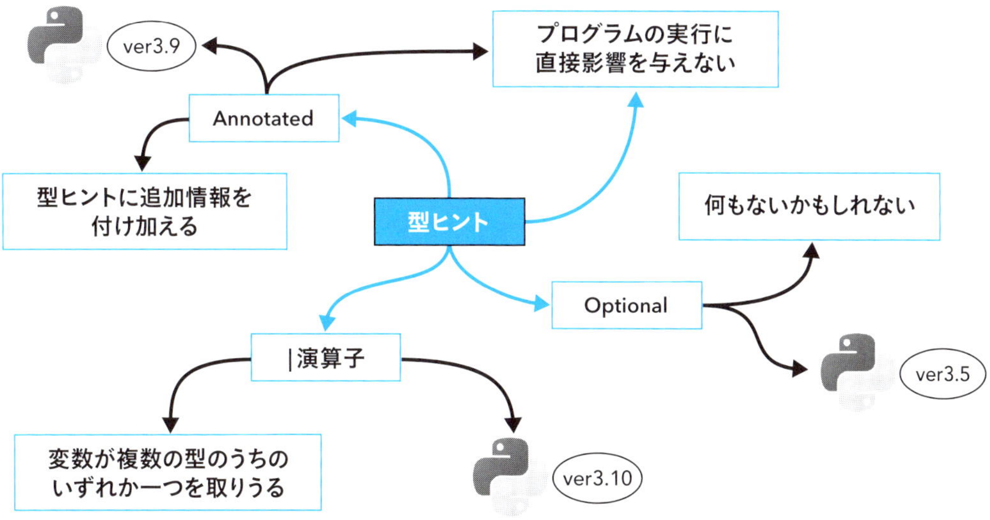

| Column | Optional型とパイプ演算子 |

☐ Optionalの使用

　Optional型は、「特定の型の値」または「None」を許容することを示します。これは、値が存在するかもしれないし、存在しないかもしれない変数を扱うための型です。FastAPIでOptionalを使用する場合は、from typing import Optionalをインポートします。例えば、パラメータが省略可能でデフォルト値としてNoneが設定されている場合によく用いられます（**リスト3.A**）。

リスト3.A　Optional使用例

```
001:    from typing import Optional
002:
003:    def greet(name: Optional[str] = None)->str:
004:        if name is None:
005:            return "こんにちは、知らない人!"
006:        return f"こんにちは、{name}さん!"
```

○ パイプ演算子の使用

　Python 3.10以降では、型ヒントに「パイプ演算子 |」を使用して、複数の型を許容することができます。これを用いると、「str | None」は「Optional[str]」と同等の意味を持ちます。パイプ演算子は、複数の処理を連続して行うためにも使用され、データの流れを視覚的に表現するために使われます（**リスト3.B**）。

リスト3.B　パイプ演算子の使用例

```
001:    def greet(name: str | None = None)->str:
002:        if name is None:
003:            return "こんにちは、知らない人!"
004:        return f"こんにちは、{name}さん!"
```

　どちらの使用が適切かについては、プロジェクトのPythonバージョンや、チーム内での統一されたコーディングスタイルに依存しますが、どちらの方法も同じ機能を提供し、パラメータが省略可能であることに変わりません。

パラメータとレスポンスデータ

リクエスト処理（パスパラメータ）

リクエスト処理（クエリパラメータ）

レスポンス処理（レスポンスデータ）

Section
4-1
リクエスト処理
(パスパラメータ)

「パスパラメータ」は、**WebAPI**におけるリクエストの重要な処理で、**URL**の一部として指定される値のことを指します。これは、**WebAPI**で特定のリソース（Web上でアクセスまたは操作できるデータやサービス）を指定するために使用されます。**FastAPI**では、関数の引数をパスパラメータとして受け取ることができ、エンドポイントの定義において、パスの一部に「{ }」を使用してパラメータ名を指定します。

4-1-1 パスパラメータの基本

パスパラメータは、Webアドレス（URL）の一部を変数として使用し、特定の情報やデータを指定するために使用されます。パスパラメータを使用することで、同じURLパターン内で異なるデータを取得できます。

例

```
@app.get("/users/{user_id}")
async def get_user(user_id: int):
    # 例えば、データベースからuser_idに対応するユーザー情報を取得する処理を行う
```

この例では、「/users/123」のようにアクセスすると、user_idに123が入り、そのIDに対応するユーザー情報を取得する処理が実行されます。{user_id}はパスパラメータで、URLの一部としてユーザーIDを受け取り、そのIDを使用して特定のユーザー情報にアクセスします。「パスパラメータ」と「関数の引数」を同名にすることで、URLから取得した値を直接関数の引数として渡すことができます。

4-1-2 FastAPIプログラム (パスパラメータ) の作成

☐ プロジェクトフォルダとファイルの作成

「1-4-3 ハンズオン環境の作成」で作成した「C:¥work_fastapi」ディレクトリに、今回作成するプログラム用のプロジェクトフォルダを作成します。

VSCode画面にて「新しいフォルダを作る」アイコンをクリックし、フォルダ「fastapi_path_

parameter」を作成し、作成したフォルダを選択後「新しいファイルを作る」アイコンをクリックし、ファイル「main.py」と「data.py」を作成します（**図4.1**）。

図4.1 フォルダとファイルの作成

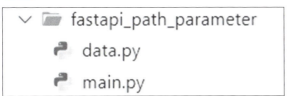

□ コードを書く

作成した「data.py」に**リスト4.1**のコードを記述します。

リスト4.1 data.py

```
001: from typing import Optional
002:
003: # Userクラス
004: # ユーザのIDと名前を属性として持つ
005: class User:
006:     def __init__(self, id: int, name: str):
007:         # ユーザId
008:         self.id = id
009:         # ユーザ名
010:         self.name = name
011:
012: # ダミーデータベースとして機能するユーザリスト
013: user_list = [
014:     User(id=1, name="内藤"),
015:     User(id=2, name="辻"),
016:     User(id=3, name="鷹木")
017: ]
018:
019: # 指定されたユーザIDに対応するユーザを
020: # user_listから検索する関数
021: # 引数：ユーザID（整数）
022: # 戻り値：UserオブジェクトまたはNone（見つからない場合）
023: def get_user(user_id: int) -> Optional[User]:
024:     for user in user_list:
025:         if user.id == user_id:
026:             # 指定されたIDを持つユーザが見つかった場合
027:             # そのユーザを返す
028:             return user
029:     # ユーザが見つからない場合はNoneを返す
030:     return None
```

5〜17行目で、ユーザ情報を表すダミーデータを提供しています。ソースコードで定義している関数を**表4.1**に示します。

表4.1 ソースコード詳細

行数	関数名	引数	戻り値	説明
23〜30	get_user	user_id: int	Optional[User]	引数で指定されたIDを持つユーザーをダミーデータから検索し、見つかった場合そのユーザーを返し、見つからない場合はNoneを返します

作成した「main.py」に**リスト4.2**のコードを記述します。

リスト4.2 main.py

```
001:  from fastapi import FastAPI, HTTPException
002:  from typing import Optional
003:  from data import get_user, User  # data.pyから関数とクラスをインポート
004:
005:  app = FastAPI()
006:
007:  # ユーザIDをパスパラメータとして受け取り、ユーザ情報を返すエンドポイント
008:  # 引数：ユーザID（整数）
009:  # 戻り値：辞書型
010:  @app.get("/users/{user_id}")
011:  async def read_user(user_id: int) -> dict:
012:      # ユーザー情報の取得
013:      user: Optional[User] = get_user(user_id)
014:      if user is None:
015:          # ユーザが見つからない場合は404エラーを返す
016:          raise HTTPException(status_code=404, detail="User not found")
017:      return {"user_id": user.id, "username": user.name}
```

1行目でインポートしている「HTTPException」は、WebアプリケーションでHTTPリクエスト処理中に発生するエラーを示す例外クラスです（コラム参照）。

ソースコードで定義しているFastAPIエンドポイント関数を**表4.2**に示します。

4-1 リクエスト処理（パスパラメータ）

表4.2 ソースコード詳細

行数	エンドポイント関数	説明
10〜17	read_user	● エンドポイント GETメソッド かつ "/users/{user_id}" ● 目的 指定されたユーザーIDに基づいてユーザー情報を取得し、返します。 ● パスパラメータ user_id - ユーザーIDを指定します。 ● 引数 整数値型（ユーザーID） ● 戻り値 辞書型（ユーザー情報） ● 処理内容 get_user関数を呼び出して、指定された user_id に一致するユーザーを取得します。ユーザーが見つからない場合は、HTTP 404エラーを返します。ユーザーが見つかった場合、そのユーザーのIDと名前を辞書形式で返します

Column │ HTTPException

「HTTPException」をもう少し詳細に説明すると、FastAPIでエラーが発生したときに、適切なHTTPステータスコードとエラーメッセージをクライアントに返すための例外クラスです。これは、APIが意図しない状況で正しくエラーを処理し、クライアントに情報を提供するのに役立ちます。実際に使用している箇所は16行目「raise HTTPException(status_code=404, detail="User not found")」になります。Webアプリケーションでユーザーが見つからないときに、ステータスコード404（見つからない）を持つエラーを発生させ、エラーの詳細に「User not found（対象のユーザーがみつからない）」というメッセージを付け加えています。

○ **なぜHTTPExceptionを使うのか？**

理由は複数ありますが、主な理由は以下の2点です。

● 【理由1】適切なエラーハンドリングをするため

HTTPExceptionを使うことで、APIの利用者にエラーの詳細を明確に伝えることができます。適切なステータスコードとエラーメッセージを返すことで、クライアントはエラーの原因を理解しやすくなります。

● 【理由2】コードの可読性のため

エラーハンドリングが一貫しているため、コードの可読性と保守性が向上します。

■ 実行する

フォルダ「fastapi_path_parameter」を選択し、右クリックして表示されるダイアログにて「統合ターミナルで開く」を選択し、ターミナルを表示させます。選択したプロジェクトがカレントディレクトリに指定されたターミナルで以下のコマンドを実行します。

```
uvicorn main:app --reload
```

4-1-3　Swagger UIでの操作

ブラウザのアドレスバーに「http://127.0.0.1:8000/docs」を入力することで「Swagger UI」にアクセスします（図4.2）。

図4.2　Swagger UI

画面項目について表4.3に示します。

表4.3　画面項目の詳細

項目	説明
GET /users/{user_id}	GETメソッド かつ エンドポイント「'/users/{user_id}'」で呼ばれる「ルーティング」を示します。エンドポイントには、パスパラメータ{user_id}を含んでいます。パスパラメータ{user_id}にユーザーIDを設定することで、そのIDに紐づくユーザー情報の取得を試みます
Read User	Read Userは、main.pyで記述しているread_user関数を示しています

画面の【∨】をクリックして、詳細表示にします。「Parameters」と「Responses」の項目が表示されます。

■ リクエストを送る（正常系）

「Try it out」ボタンをクリックすると、「Execute」ボタンが表示されます。項目：user_idにユーザーID「2」を入力し、「Execute」ボタンをクリックします（図4.3、図4.4）。

4-1 リクエスト処理（パスパラメータ）

図4.3 Swagger UI（正常系：実行）

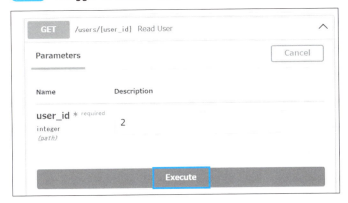

図4.4 Swagger UI（正常系：結果）

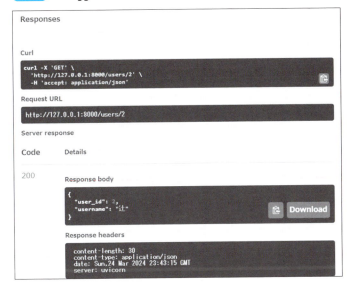

「Response」画面項目について表4.4に示します。

表4.4 「Response」画面項目

項目	説明
Curl	curlコマンドを使用してAPIにリクエストを行うためのコマンドライン例です
Request URL	実際にリクエストが送信されたURLです
Server response	ここからは、サーバーからのレスポンスであることを示します
Code	HTTPレスポンスステータスコードを示しており、200はリクエストが成功したことを意味します
Response body	サーバーから返されたレスポンスの本文です。ここではJSON形式でユーザーIDに対応する「ユーザー情報」が含まれています
Response headers	サーバーからのレスポンスに含まれるヘッダー情報です。content-length, content-type, date, serverなどの情報が含まれています

75

上記は正常系処理です。パスパラメータに指定した「ユーザーID」に対する「ユーザー情報」が存在する場合の処理結果を表示しています。

■ リクエストを送る（異常系）

　次は、パスパラメータに指定した「ユーザーID」に対する「ユーザー情報」が存在しない場合を試しましょう。「Execute」ボタン横の「Clear」ボタンをクリックし、データをリセットします。項目：user_idにユーザーID「999」を入力し、「Execute」ボタンをクリックします（図4.5、図4.6）。

図4.5 Swagger UI（異常系：実行）

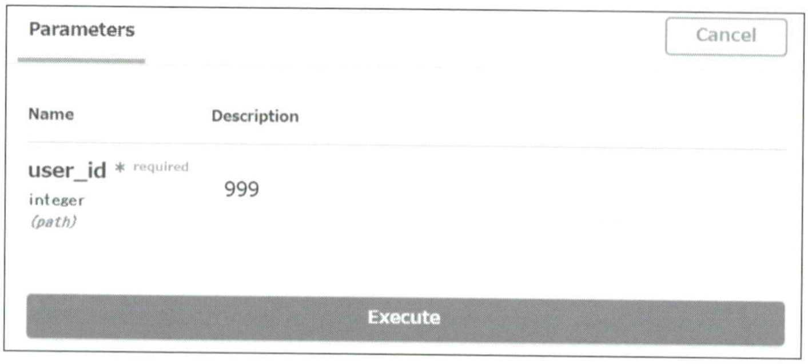

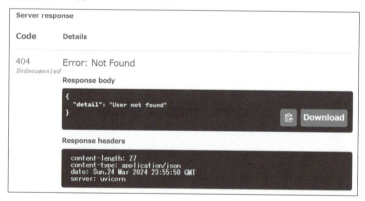

図4.6 Swagger UI（異常系：結果）

　「Server response」セクションの画面項目について**表4.5**に示します。

4-1 リクエスト処理（パスパラメータ）

表4.5 「Server response」セクションの画面項目

項目	説明
Code	HTTPステータスコードを示しており、「404」はリクエストされたリソースが見つからなかったことを意味します
Error: Not Found	レスポンスのステータスコードに関連するエラーメッセージです
Response body	サーバーがレスポンスとして返した実際のデータで、「User not found」というメッセージが含まれています。これはmain.pyでHTTPExceptionに設定した文字列です

☐ リクエストを送る（異常系：入力値）

次は、パスパラメータに「整数値」ではなく、「文字列」を入力します。

「Clear」ボタンをクリックし、データをリセットします。項目：user_idにユーザーID「abc」を入力し、「Execute」ボタンをクリックします。

user_idには「整数値」を入力する必要がありますが、「abc」という「文字列」が入力されているため、バリデーションエラーが表示されます。エラーメッセージ「Value must be an integer」は、値が整数であるべきだと指摘しており、入力を修正するよう求めています（**図4.7**）。

これが、3章で学習した「型ヒント」と「FastAPI」を強力に結びつけるバリデーションになります。

図4.7 Swagger UI（異常系：入力値）

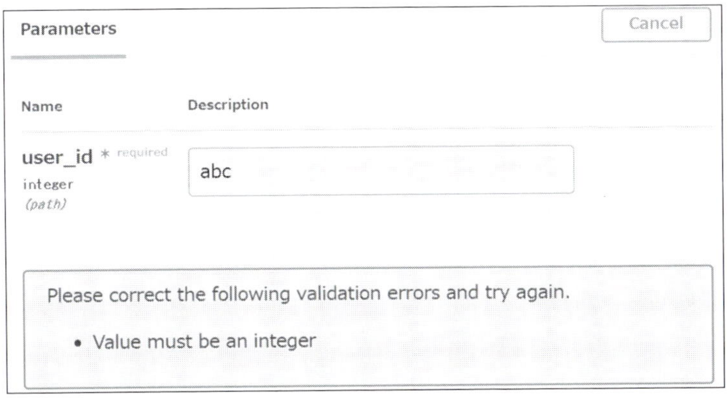

パスパラメータの使用方法をイメージできましたでしょうか？

リクエスト処理
（クエリパラメータ）

Section
4-2

「クエリパラメータ」は、WebAPIにおけるリクエストの重要な処理で、Webアドレス（**URL**）の一部として「キーと値のペア」で情報を送信する方法です。URLの「**?**」の後に配置され、WebサイトやAPIに特定の情報を提供して、「検索、フィルタリング、ソートなど」の操作を行うために使用されます。

4-2-1 クエリパラメータの基本

クエリパラメータは、Webアドレス（URL）の末尾に？と共に追加され、キーと値のペア（例：?key=value）で構成されます。これにより、サーバーに特定のデータを送ることができます。クエリパラメータを変えることで、異なる情報を要求したり、特定の操作や検索を行ったりすることが可能です。

例

```
@app.get("/books/")
async def get_books_by_category(category: Optional[str] = None):
    # ここでデータベースからcategoryに対応する書籍情報を取得する処理を行う
```

この例では、URLに「/books/?category=technical」というリクエストでこの関数を呼び出すと、"technical"カテゴリの書籍のみを取得します。「category: Optional[str] = None」の記述により、クエリパラメータを指定しない場合はデフォルト値でNoneになるためURL「/books/」というリクエストに対応しています。

4-2-2 FastAPIプログラム（クエリパラメータ）の作成

☐ プロジェクトフォルダとファイルの作成

「1-4-3 ハンズオン環境の作成」で作成した「C:¥work_fastapi」ディレクトリに、今回作成するプログラム用のプロジェクトフォルダを作成します。

VSCode画面にて「新しいフォルダを作る」アイコンをクリックし、フォルダ「fastapi_query_parameter」を作成し、作成したフォルダを選択後「新しいファイルを作る」アイコンをクリックし、ファイル「main.py」と「data.py」を作成します（**図4.8**）。

78

4-2 リクエスト処理（クエリパラメータ）

図4.8 フォルダとファイルの作成

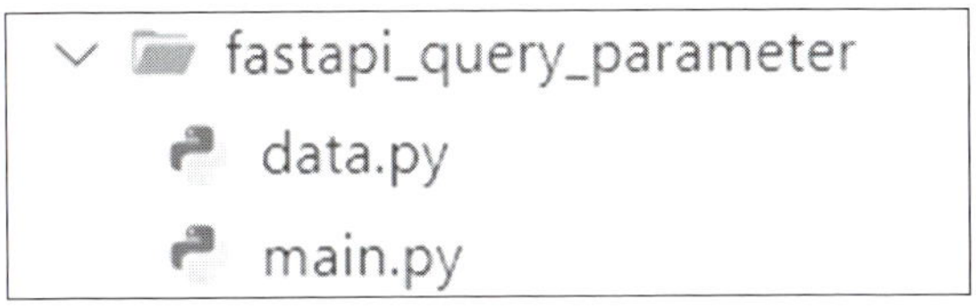

```
∨ 📁 fastapi_query_parameter
    🐍 data.py
    🐍 main.py
```

□ コードを書く

作成した「data.py」に**リスト4.3**のコードを記述します。このソースコードは、書籍情報を管理するためのものです。特定のカテゴリに基づいて書籍を検索する関数が含まれ、カテゴリが指定されていない場合には、全ての書籍データを返します。

リスト4.3 data.py

```python
001: from typing import Optional
002:
003: # 書籍情報を表すクラス
004: class Book:
005:     def __init__(self, id: str, title: str, category: str):
006:         # 書籍ID
007:         self.id = id
008:         # タイトル
009:         self.title = title
010:         # カテゴリ
011:         self.category = category
012:
013: # ダミーの書籍情報リスト
014: # category"technical：技術書、comics：コミック、magazine：雑誌"
015: books = [
016:     Book(id="1", title="Python入門", category="technical"),
017:     Book(id="2", title="はじめてのプログラミング", category="technical"),
018:     Book(id="3", title="すすむ巨人", category="comics"),
019:     Book(id="4", title="DBおやじ", category="comics"),
020:     Book(id="5", title="週刊ダイヤモンド", category="magazine"),
021:     Book(id="6", title="ザ・社長", category="magazine")
022: ]
023:
024: # カテゴリに基づいて書籍を検索する関数
025: # もしcategoryがNoneなら、すべての書籍を返す
026: def get_books_by_category(
027:         category: Optional[str] = None
028:     )-> list[Book]:
029:     if category is None:
030:         # カテゴリが指定されていない場合は全ての書籍を返す
031:         return books
```

```
032:        else:
033:            # 指定されたカテゴリに一致する書籍だけを返す
034:            return [book for book in books if book.category == category]
```

4～22行目で、書籍情報を表すダミーデータを提供しています。ソースコード内で定義している関数を**表4.6**に示します。

表4.6 関数

行数	関数名	引数	戻り値	説明
26～34	get_books_by_category	category: Optional[str] = None	list[Book]	引数で指定されたカテゴリに対する、書籍のリストをフィルタリングして返します

34行目「return [book for book in books if book.category == category]」はリスト内法表記です。

リスト内包表記（list comprehension）は、リストの中でループと条件を一行で書いて新しいリストを作るPythonの短縮記法です。この例では、「booksリストの中から、その要素であるbookの属性categoryが引数で与えられたcategoryと同じであるものだけを新しいリストとして返す」という意味になります。これにより、コードが短く、読みやすくなり、同じ操作をより効率的に行えます。もう少し詳細に説明するとリスト内包表記における最初の「book」は、新しいリストに追加される要素を指します。「forの後のbook」は、既存のリストbooksから1つずつ取り出す要素を表す変数です。つまり、for book in booksの部分はループでbooksリストの各要素にアクセスし、その各要素がif book.category == categoryの条件を満たす場合、最初のbook（リスト内包表記の出力部分）にその要素が加えられるという流れになります。

作成した「main.py」に**リスト4.4**のコードを記述します。このソースコードは、FastAPIを使用してクエリパラメータで指定されたカテゴリに基づいて書籍情報を検索し、その結果をJSON形式で返すエンドポイントを提供します。

リスト4.4 main.py

```
001:    from fastapi import FastAPI
002:    from typing import Optional
003:    from data import get_books_by_category
004:
005:    app = FastAPI()
006:
007:    # クエリパラメータで指定されたカテゴリに基づいて書籍情報を検索し、
008:    # 結果をJSON形式で返す
009:    @app.get("/books/")
010:    async def read_books(
011:        category: Optional[str] = None
```

4-2 リクエスト処理（クエリパラメータ）

```
012:     )-> list[dict[str, str]]:
013:         # クエリパラメータで指定されたカテゴリに基づいて書籍を検索する
014:         result = get_books_by_category(category)
015:         # 結果を辞書のリストとして返す
016:         return [{
017:                 "id": book.id,
018:                 "title": book.title,
019:                 "category": book.category
020:                 } for book in result]
```

ソースコードで定義しているFastAPIエンドポイント関数を以下に表形式で説明します。

表4.7 エンドポイント関数

行数	エンドポイント関数	説明
9〜20	read_books	● エンドポイント GETメソッド かつ "/books/" ● 目的 指定されたカテゴリに基づいて書籍を検索し、その結果を返します ● 引数 Optional文字列型（カテゴリ）、指定されない場合（デフォルト値 None）は全ての書籍を検索します ● 戻り値 辞書型のリスト（指定されたカテゴリに一致する書籍の情報を含む辞書のリスト） ● 処理内容 URLに指定されたクエリパラメータcategoryを取得します。指定されていない場合はNoneになります。get_books_by_category関数を呼び出して、指定されたカテゴリに基づいて書籍を検索します。categoryが指定されていない場合は、全ての書籍を返します

11行目「category: Optional[str] = None」がクエリパラメータを受け取る部分になります。この記述によりurl「/books/?category=technical」というリクエストでこの関数を呼び出すと、"technical"カテゴリの書籍のみを取得でき、パラメータを何も指定しないurl「/books/」というリクエストを送信すると、すべてのカテゴリの書籍を取得できます。

16〜20行目のreturn文では、get_books_by_category(category)関数から取得した書籍のリストを処理しています。取得した各書籍に対して、id、title、categoryの情報を持つ辞書型を作り、それらの辞書で構成されるリストを返します。書籍情報を表す「Book」クラスの属性が全て「文字列型」のため、12行目で指定している戻り値がlist[dict[str, str]]となっています。これにより、複数の書籍のデータを整理して、リクエストに応じた形式でクライアントに返すことができます。

実行する

フォルダ「fastapi_query_parameter」を選択し、右クリックして表示されるダイアログにて「統合ターミナルで開く」を選択し、ターミナルを表示させます。選択したプロジェクトがカレントディレクトリに指定されたターミナルでサーバーを起動するコマンドを実行します。

```
uvicorn main:app --reload
```

4-2-3 Swagger UI での操作

ブラウザのアドレスバーに「http://127.0.0.1:8000/docs」を入力することで「Swagger UI」にアクセスします（**図4.9**）。

図4.9 Swagger UI

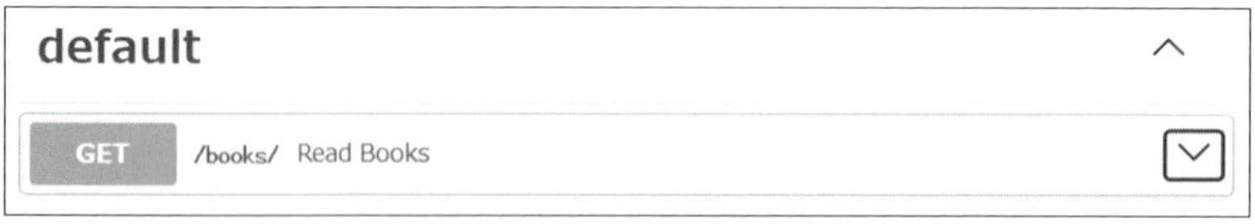

画面項目について**表4.8**に示します。

表4.8 画面項目

項目	説明
GET /books/	GETかつエンドポイント「/books/」で呼ばれる「ルーティング」を示します
Read Books	Read Booksはread_books関数を示しています

【 ∨ 】をクリックして、詳細表示にします。「Parameters」と「Responses」の項目が表示されます。

リクエストを送る（クエリパラメータあり）

「Try it out」ボタンをクリックすると、「Execute」ボタンが表示されます。categoryにカテゴリ「technical」を入力し、「Execute」ボタンをクリックします（**図4.10**、**図4.11**）。

4-2 リクエスト処理（クエリパラメータ）

図4.10 Swagger UI（クエリパラメータあり）

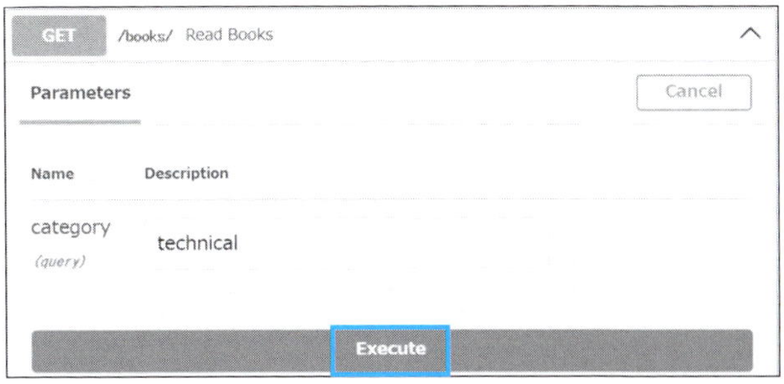

図4.11 Swagger UI（クエリパラメータあり：結果）

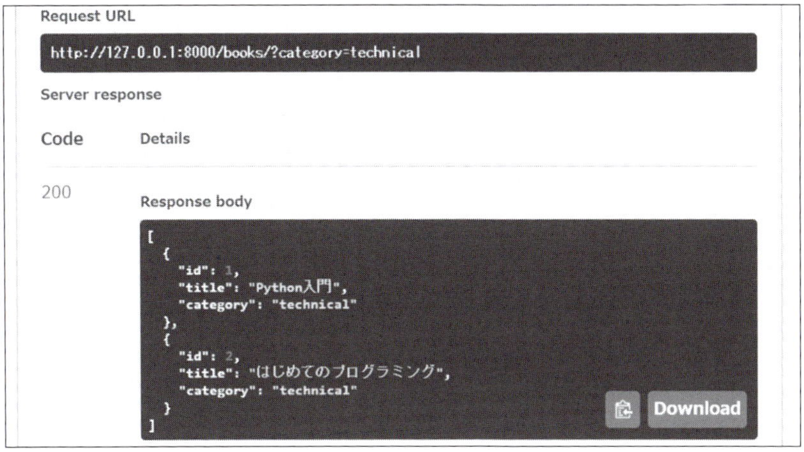

「Responses」画面項目について**表4.9**に示します。

表4.9 「Responses」画面項目

項目	説明
Request URL	実際にリクエストが送信されたURLです。クエリパラメータ「category=technical」が付与されています
Server response	ここからは、サーバーからのレスポンスであることを示します
Code	HTTPレスポンスステータスコードを示しており、200はリクエストが成功したことを意味します
Response body	サーバーから返されたレスポンスの本文です。ここではJSON形式でリストの中に複数の辞書があり、それぞれの辞書にはid、title、categoryというキーを持っています

リクエストを送る（クエリパラメータなし）

次は、クエリパラメータなしでリクエストを送りましょう。「Clear」ボタンをクリックし、データをリセットし、項目：categoryをブランクにして「Execute」ボタンをクリックします（**図4.11**）。

83

図4.11　Swagger UI（クエリパラメータなし：結果）

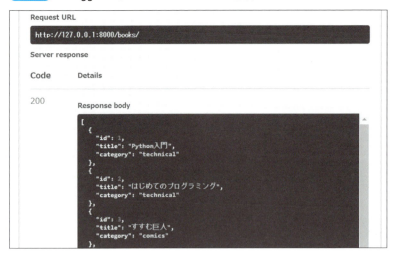

画面項目について表4.10に示します。

表4.10　画面項目

項目	説明
Request URL	実際にリクエストが送信されたURLです。クエリパラメータはありません
Server response	ここからは、サーバーからのレスポンスであることを示します
Code	HTTPレスポンスステータスコードを示しており、200はリクエストが成功したことを意味します
Response body	サーバーから返されたレスポンスの本文です。すべての書籍情報をJSON形式で返却します。つまりカテゴリでフィルタリングされていません

クエリパラメータの使用方法をイメージできましたでしょうか？

Section 4-3 レスポンス処理（レスポンスデータ）

ここではAPIを通じてデータがクライアントに返される方法、つまりレスポンスに焦点を当てます。「レスポンスデータ」は、APIのエンドポイントからの出力であり、クライアントがリクエストに対して受け取る情報の形と内容を定義します。レスポンスデータは通常JSON形式で送信されることが多く、APIの使用者が理解しやすい構造を持ちます。

4-3-1 レスポンスデータの構造

レスポンスデータの構造とは、WebサーバーやAPIから送られてくる情報の形式を指します。このデータは通常、JSON形式で返されることが多く、プログラムが読み取りや解析しやすいように整理されています。

APIのレスポンスデータ構造で注意する点として、「1度のリクエストで必要な情報を簡潔に提供できる」ような構造が望ましいとされています。その理由を以下に示します。

- 効率性の向上
  追加リクエストが不要のため、データの取得が速くなり、アプリケーションのパフォーマンスが向上する
- ユーザビリティの向上
  必要な情報をすぐに取得でき、ユーザビリティが向上する
- リソースの節約
  サーバーとクライアント間の通信回数が減るため、帯域幅や処理リソースを節約できる

4-3-2 イメージで振り返る

「パスパラメータ」、「クエリパラメータ」、「レスポンスデータ」について学習したのでイメージを図4.12、表4.11で振り返りましょう。

図4.12　リクエストとレスポンス

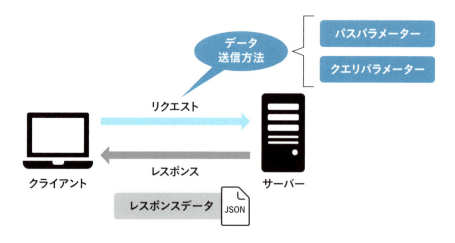

表4.11　「パスパラメータ」、「クエリパラメータ」、「レスポンスデータ」

項目	説明
クライアント	サービスを受ける側。サーバーに情報やサービスを要求（リクエスト）します
サーバー	サービスを提供する側。クライアントからのリクエストに応答（レスポンス）します
リクエスト	クライアントからサーバーへの情報やサービスの「要求」
レスポンス	サーバーからクライアントへのリクエストに対する「応答」
パスパラメータ	URLのパスの一部として指定されるパラメータ（例：/users/{id}の{id}）
クエリパラメータ	URLのクエリ文字列（?の後に続く部分）で指定されるパラメータ （例：/users?age=30のageがクエリパラメーターです。）
レスポンスデータ	サーバーがクライアントに返すデータ。JSON形式で返されることが多い

4-3-3　Pydanticとは？

「Pydantic」は、Pythonでのデータの変換とバリデーション(注1)を簡単にするためのライブラリです（図4.13）。型ヒントを用いてデータモデルを定義し、受け取ったデータがその型や条件に合っているかを自動でチェックし、データを格納します。これにより、データの整合性を保ちながら、エラーを早期に発見しやすくなります。FastAPIと組み合わせて使用することで、APIのリクエストやレスポンスのデータ構造を明確に定義し、自動的なドキュメント生成やエラーハンドリングを行うことができます。

（注1）　バリデーションは、データが正しい形式や条件を満たしているかを確認する方法です。

4-3 レスポンス処理（レスポンスデータ）

図4.13 Pydantic

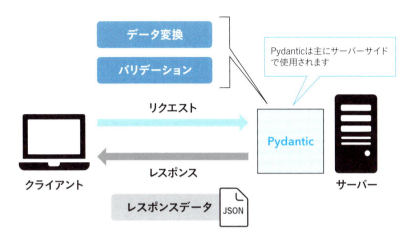

「Pydantic」を利用したプログラムを作成し、「Pydantic」の利点を学びましょう。

プロジェクトフォルダとファイルの作成

「1-4-3 ハンズオン環境の作成」で作成した「C:¥work_fastapi」ディレクトリに、今回作成するプログラム用のプロジェクトフォルダを作成します。

VSCode画面にて「新しいフォルダを作る」アイコンをクリックし、フォルダ「pydantic」を作成し、作成したフォルダを選択後「新しいファイルを作る」アイコンをクリックし、ファイル「main.py」を作成します（図4.14）。

コードを書く

作成した「main.py」にリスト4.5のコードを記述します。

リスト4.5　main.py

```
001: from datetime import datetime
002: from pydantic import BaseModel
003:
004: # イベントを表すクラス
005: class Event(BaseModel):
006:     # イベント名、デフォルトは未定
007:     name: str = "未定"
008:     # 開催日時
009:     start_datetime: datetime
010:     # 参加者リスト、デフォルトは空リスト
011:     participants: list[str] = []
```

```
012:
013:    # ダミーデータ(外部からのイベントデータのつもり)
014:    external_data = {
015:        "name": "FastAPI勉強会",
016:        "start_datetime": "2023-07-07 07:00",
017:        "participants": ["山田", "鈴木", "田中"]
018:    }
019:    # 辞書のアンパック
020:    event = Event(**external_data)
021:    print("イベント名：", event.name, type(event.name))
022:    print("開催日時：", event.start_datetime, type(event.start_datetime))
023:    print("参加者：", event.participants, type(event.participants))
```

このソースコードのポイントは「Pydantic」の「BaseModel」を使用してデータ構造を定義する箇所です。

2行目で「BaseModel」をインポートし、5～11行目で「BaseModel」を継承したクラスを作成し、「型ヒント」を使用することでイベント名、開催日時、参加者リストの「型」を指定します。「Pydantic」の「BaseModel」を継承すると、自動的にコンストラクタが提供されるため、手動でコンストラクタを定義する必要はありません。「BaseModel」はフィールドの定義から自動的に初期化メソッドを生成し、型の検証やデータ変換を行います。この機能により、開発者はデータ構造の定義に集中でき、ボイラープレートコード^(注2)を減らすことができます。

14～18行目の「external_data」は辞書型にイベントの情報(名前、開催日時、参加者リスト)を格納しています。

20行目「event = Event(**external_data)」は「辞書のアンパック」を利用して、Eventクラスのインスタンスを作成しています。「辞書のアンパック」とは、辞書に含まれる「キーと値のペア」を関数の引数として展開するPythonの機能です。この方法を使用すると、辞書内の各キーが関数の引数名として、対応する値がその引数の値として自動的に渡されます。

21～23行目では、eventインスタンスから、イベント名、開催日時、参加者リストの値とそれぞれの型を「type()関数」を使用してそのデータの型を表示しています。これにより、データが期待通りに格納され、適切な型であることを確認します。

■ データ変換の確認

フォルダ：pydantic→ファイル：main.pyを選択し、マウスを右クリックして「ターミナルでPythonファイルを実行する」をクリックすると、ターミナルに結果が表示されます(**図4.15**)。

（注2）　ボイラープレートコードとは、少し変更するか全く変更しないでプロジェクトの多くの場所で繰り返し使われる、汎用的なコードのことを指します。

4-3 レスポンス処理（レスポンスデータ）

図4.15 結果

```
イベント名: FastAPI勉強会 <class 'str'>
開催日時: 2023-07-07 07:00:00 <class 'datetime.datetime'>
参加者: ['山田', '鈴木', '田中'] <class 'list'>
```

「BaseModel」を継承し、フィールドに「型ヒント」を利用することで「型も含めたデータ変換」が行われたことが確認できます。

バリデーションの確認

次はバリデーションを確認します。ソースコード（**リスト4.5**）を修正し、わざとフィールドの型ヒントに違反した値を作ります。

リスト4.6 修正main.py（型ヒントに違反した値）

```
001: from datetime import datetime
002: from pydantic import BaseModel, ValidationError
003:
004: # イベントを表すクラス
005: class Event(BaseModel):
006:     # イベント名、デフォルトは未定
007:     name: str = "未定"
008:     # 開催日時
009:     start_datetime: datetime
010:     # 参加者リスト、デフォルトは空リスト
011:     participants: list[str] = []
012:
013: # ダミーデータ（外部からのイベントデータのつもり）
014: external_data = {
015:     "name": "FastAPI勉強会",
016:     # "start_datetime": "2023-07-07 07:00",
017:     "start_datetime": "abc",
018:     "participants": ["山田", "鈴木", "田中"]
019: }
020:
021: try:
022:     event = Event(**external_data)
023:     print("イベント名：", event.name, type(event.name))
024:     print("開催日時：", event.start_datetime, type(event.start_datetime))
025:     print("参加者：", event.participants, type(event.participants))
026: except ValidationError as e:
027:     print("データのバリデーションエラーが発生しました：", e.errors())
```

17行目「start_datetime」に不正な形式の値「"abc"」を故意に設定します。「Pydantic」では、

89

フィールドに期待されるデータ型や形式が指定されているため、このように期待に反するデータを与えると、「ValidationError」が発生します。このエラーは、データがモデルの定義に合致しない場合に詳細な情報を提供し、どのフィールドが無効であるか、何が問題であるかを教えてくれます。

「ValidationError」をエラーハンドリングするために、2行目でインポートをしています。21～27行目で例外処理を記述しています。

フォルダ：pydantic→ファイル：main.pyを選択し、マウスを右クリックして「ターミナルでPythonファイルを実行する」をクリックすると、ターミナルに結果が表示されます（図4.16）。

図4.16 結果

```
データのバリデーションエラーが発生しました： [{'type': 'datetime_from_date_parsing', 'loc': ('start_datetime',), 'msg': 'Input should be a valid datetime or date, input is too short', 'input': 'abc', 'ctx': {'error': 'input is too short'}, 'url': 'https://errors.pydantic.dev/2.7/v/datetime_from_date_parsing'}]
```

このエラーメッセージは、「Pydantic」がstart_datetimeフィールドのデータ検証中に発生したものです。「abc」という入力が有効な日時または日付ではないことを示しています。具体的には、「input is too short」というメッセージで、「入力が日時を表すのに十分な長さではない」ことを指摘しています。このエラーは、データ構造に期待される形式のデータが提供されなかった場合に「Pydantic」から返されるものです。

マインドマップを用いて、「Pydantic」の内容を整理します（図4.17）。

図4.17 マインドマップ（Pydantic）

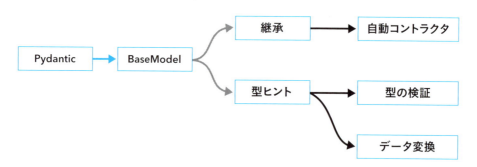

「Pydantic」を用いた、型の検証やデータ変換の使用方法をイメージできましたでしょうか？今回は「Pydantic」とFastAPIを絡めたレスポンスデータを扱うアプリケーションを作成していませんが、後の章で作成しますので、少々お待ちください。

「Pydantic」のバリデーション機能は、FastAPIと組み合わせることで非常に効果的に発揮されます。具体的には、リクエストデータとレスポンスデータの構造を定義し、それに基づいて自動的にデータの検証を行うことができます。これにより、データの一貫性と信頼性が向上し、開発者が安心してデータ処理を行えるようになります。

FastAPIでCRUD処理

5-1 RESTful APIとは？

5-2 HTTPメソッドの特性

5-3 CRUDアプリケーションの作成

Section 5-1

RESTful APIとは？

既に説明しましたが、「WebAPI」は、インターネットを通じてアプリケーション同士が情報を交換するための方法です。「REST」は、この情報交換を効率的に行うための一連の原則やルールを定めたものです。これにより、Webページやアプリケーションは、必要な情報を整理して取得したり、変更したりすることが容易になります。

5-1-1　RESTの4原則

RESTの4原則について以下に示します。

☐ Stateless（ステートレス）

「Stateless」を日本語に訳すと「状態を持たない」となります。「REST」では「セッション」などの情報管理を行わず、通信の情報は単体で完結させます。具体例で話すと、サーバーがクライアントのリクエストごとに状態を保持せず、各リクエストを独立して処理することを意味します。

一言で言うなら「やりとりが1回で完結する」ということです。メリットとしては、前のやり取りの結果に影響を受けないのでシンプルな設計ができます（図5.1）。

図5.1　ステートレス

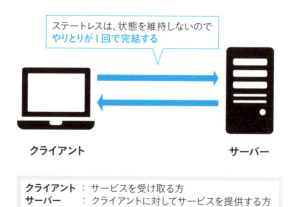

Uniform Interface（ユニフォーム インターフェース）

「Uniform Interface」を日本語に訳すと「統一的なインターフェース」です。RESTは、統一的なインターフェースを利用して情報を操作します。これにより、全てのAPIリソースが一貫した方法でアクセスおよび操作されます。具体的には、RESTで使用されるHTTPメソッド（GET、POST、PUT、DELETEなど）が、表5.1に示すようなCRUD[注1]操作（作成、読み取り、更新、削除）と対応付けられます。

表5.1 RESTで用いられるHTTPメソッド

処理	HTTPメソッド	CRUD操作	CRUD処理
登録	POST	CREATE	作成
取得	GET	READ	読み取り
更新	PUT	UPDATE	更新
削除	DELETE	DELETE	削除

Addressability（アドレサビリティ）

「Addressability」を日本語に訳すと「アドレス指定可能性」となります。アドレス指定可能性とは、すべての情報が一意なURI（Uniform Resource Identifier）を持つことで、提供する情報をURIで公開できることを意味します。簡単に言うと、「各リソース（提供する情報）に一意の住所（URI）があり、クライアントはその住所を使ってリソースにアクセスできる」ということです（図5.2）。

図5.2 アドレス指定可能性

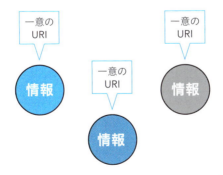

URIとは、Uniform Resource Identifier（一様なリソース識別子）の略称で、インターネット上のリソースを一意に識別するための識別子のことを示す。

（注1）「CRUD」は、データ操作の基本的な4つの機能を指す頭字語で、Create（作成）、Read（読み取り）、Update（更新）、Delete（削除）の略です。

☐ Connectability（コネクタビリティ）

「Connectability」を日本語に訳すと「接続性」となります。接続性とは、やりとりされる情報の中にリンク情報を含めることができることを指します。これにより、リンクをたどって別の情報に接続でき、異なるシステム間での情報連携が容易になります（図5.3）。簡単に言うと、クライアントがサーバーのエンドポイントに接続してリソースを操作する能力を示します。

図5.3 接続性

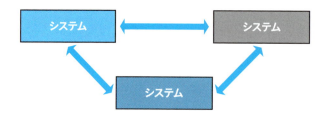

異なるシステム間で円滑に情報連携を行うことができる。

「REST」の原則に則って構築されたWebシステムのインターフェースのことを「RESTful API」と言います。

上記説明をマインドマップでまとめたものを示します（図5.4）。

図5.4 マインドマップ（REST）

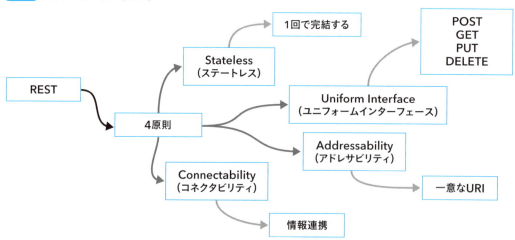

Section

5-2 HTTPメソッドの特性

ここでは「REST」の原則の1つである「Uniform Interface：統一的なインターフェース」について詳しく説明します。また、HTTPメソッドの特性を表す言葉「冪等性（べきとうせい）」についても学びましょう。

5-2-1 RESTとは？

再度の説明になりますが、「REST」は「Representational State Transfer」の略称です。日本語に訳すと「代表的な状態転送」という意味になります。一言で言うと、「Webサービスに簡単にアクセスできるようにする方法」のことです。以下に、RESTの4つの主要な原則を再度示します。

- Stateless（ステートレス）
- Uniform Interface（ユニフォーム インターフェース）
- Addressability（アドレサビリティ）
- Connectability（コネクタビリティ）

ここでは、「Uniform Interface：統一的なインターフェース」について詳しく説明します。

5-2-2 安全性と冪等性（べきとうせい）とは？

HTTPメソッドの特性として「安全性」と「冪等性」があります。「安全性」はリソースを変更しないことを、「冪等性」は同じ操作を何度繰り返しても結果が変わらないことを意味します。詳しく見ていきましょう。

□ 安全性

「安全性」は、HTTPメソッドを使用して操作を行ったときに、Webサイトやサーバーのデータを変更しないという特性です。一言でいうと「リソースの状態を変えない」ことを示します。

例えば、「GETメソッド」は情報を見るだけで、その情報を変えたり削除したりすることはありません。このため、「安全」と考えられます。

95

冪等性（べきとうせい）

「冪等性」とは、同じ操作を何回行っても、最初の1回目の操作と同じ結果になるという特性を指します。一言でいうと「何度実行しても結果が同じ」ということです。

例えば、削除操作（DELETEメソッド）を考えてみましょう。一度情報を削除した後、同じ情報を何回削除しようとしても、その情報は既に削除されているので、結果は変わりません。これが冪等性です。

また、情報の作成操作（POSTメソッド）は新しい情報を作るたびに結果が異なるので、冪等性を持ちません。このように冪等性とは、同じ操作を複数回実行しても結果が変わらない性質のことを指します。

上記説明をマインドマップでまとめたものを示します（図5.5）。

図5.5 マインドマップ（HTTPメソッドの特性）

5-2-3 GET、POST、PUT、DELETE とは？

各HTTPメソッド（GET、POST、PUT、DELETE）と安全性と冪等性について表5.2に示します。

表5.2 各HTTPメソッドの性質

HTTPメソッド	説明	安全性	冪等性
GET	Webから情報を取得するだけの操作。つまり情報の変更はありません。リソースの状態を変えないため、安全性を持ちます。何度実行しても同じデータが返されるため冪等性を持ちます	○	○
POST	Webに新しい情報を追加する操作。新しいデータを作成するので、安全でも冪等でもありません	×	×
PUT	Web上の既存の情報を更新する操作。リソースの状態を変えるため、安全性を持ちません。何回やっても結果が同じになるので、冪等性を持ちます	×	○
DELETE	Web上の情報を取り除く操作。リソースの状態を変えるため、安全性を持ちません。何回やっても結果が同じになるので、冪等性を持ちます	×	○

CRUDのエンドポイント

Webアプリケーションでは、「エンドポイント」という特定のURLにアクセスすることで、さまざまなデータ操作を行います。これらのエンドポイントに対して行う操作は、「HTTPメソッド」を使用して定義されます。

表5.3に「書籍情報」を扱うエンドポイントの例を示します。

表5.3 エンドポイントの例（書籍情報）

HTTPメソッド	エンドポイント	操作内容	説明
GET	/books	書籍一覧取得	登録されている全ての書籍を取得します
POST	/books	書籍作成	新しい書籍を追加します
GET	/books/{id}	書籍詳細取得	特定のIDを持つ書籍の詳細情報を取得します
PUT	/books/{id}	書籍更新	特定のIDを持つ書籍の情報を更新します
DELETE	/books/{id}	書籍削除	特定のIDを持つ書籍を削除します

{ id }の部分は、「プレースホルダ」です。プレースホルダはURL内で可変部分を指定するために使われます。この例では { id } はURLの中で特定の書籍を識別するための一意の番号、つまり書籍IDを受け取るためのプレースホルダです。実際のリクエストでは、例えば 1 や 2 などの具体的なID値に置き換えられます（例: /books/1）。これによってサーバー側のプログラムはURLからそのIDを抽出し、要求された書籍データの操作を行うことができます。

「安全性」と「冪等性（べきとうせい）」についてイメージできましたでしょうか？

Column｜本書の構成について

○ Lie-to-children モデルとは？

複雑な概念を簡単に説明する教育手法です。初心者が最初に学ぶとき、難しい内容に圧倒されないように、あえてシンプルな説明を使います。その後、徐々に詳しい内容を学ぶことで、最終的に正確な理解に到達することが目的です。

○ なぜ使うのか？

初心者が難しい概念をスムーズに理解できるようにするためです。本書では、このモデルを取り入れ、難しいITの概念やフレームワークを簡単な説明から始め、段階的に深められるよう工夫しています。

○ 注意点

説明が簡単すぎることで誤解を招く場合もあります。その際は、技術評論社のサポートページにてお問い合わせいただければ、対応させて頂きます。宜しくお願いします。

Section 5-3 CRUDアプリケーションの作成

先ほど紹介した「書籍情報」を扱うエンドポイントを参考にして、CRUDアプリケーションを作成しましょう。また、「Pydantic」を利用してリクエストとレスポンスで使用するデータの構造も考慮しながらソースコードを作成していきましょう。初心者にもわかりやすいようにステップバイステップで説明します。

5-3-1 アプリケーションの作成

「1-4-3 ハンズオン環境の作成」で作成した「C:¥work_fastapi」ディレクトリに、今回作成するプログラム用のプロジェクトフォルダを作成します。

VSCode画面にて「新しいフォルダを作る」アイコンをクリックし、フォルダ「fastapi_crud_books」を作成し、作成したフォルダを選択後「新しいファイルを作る」アイコンをクリックし、ファイル「main.py」、「book_schemas.py」を作成します（図5.6）。

図5.6　フォルダとファイルの作成

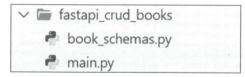

ファイルの説明

ファイル名	説明
book_schemas.py	書籍のデータ構造を定義するスキーマを含みます。BookSchemaは基本情報、BookResponseSchemaはレスポンス用にIDも含めた情報を扱います
main.py	FastAPIを使用したAPIのエンドポイントを定義しています。書籍のCRUD処理（登録、取得、更新、削除）の操作をBookSchemaとBookResponseSchemaを使用して行います

スキーマとは？

「スキーマ」は、データ構造の定義や形式を規定するための枠組みです（図5.7）。データがどの

ように構成されるべきか、どのような型を持つべきかといった情報を提供し、データの整合性や互換性を保証するために使用されます。APIやデータベースなど、データを扱うさまざまな場所でスキーマが活用されています。

図5.7 スキーマ

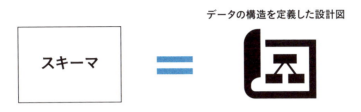

コードを書く

作成した「book_schemas.py」に**リスト5.1**のコードを記述します。このソースコードは、書籍に関する情報を扱うためにPydanticスキーマをBaseModelを継承したクラスで定義します。

リスト5.1 book_schemas.py

```
001:    from pydantic import BaseModel
002:    
003:    # 書籍の作成と更新に使用するスキーマ
004:    class BookSchema(BaseModel):
005:        # タイトル
006:        title: str
007:        # カテゴリ
008:        category: str
009:    
010:    # レスポンス用のスキーマには
011:    # 書籍スキーマを継承してidも含める
012:    class BookResponseSchema(BookSchema):
013:        # ID
014:        id: int
```

4〜8行目「BookSchema」クラスは書籍の作成や更新に使用されるスキーマです。タイトルとカテゴリーという基本的な情報を保持します。

12〜14行目「BookResponseSchema」クラスは4〜8行目で作成した「BookSchema」を継承し、追加で書籍のIDも保持することで、「レスポンスデータ」に適した形を提供しています。これにより、APIを介して書籍データを扱う際に、一貫性のあるデータ構造を維持することができます。

作成した「main.py」に**リスト5.2**〜**リスト5.7**のコードを記述します。このソースコードは、FastAPIを使用したシンプルな書籍管理のCRUD処理を行うAPIです。「BookSchema」を使用し

て書籍のデータを受け取り、それを「BookResponseSchema」で返すことで、書籍の登録、取得、更新、削除を行います。すこし長いコードのため、分割して説明します。

○ ダミーデータの作成

リスト5.2はデータベースの代わりに使われるダミーデータを作成しています。

リスト5.2　main.py①

```
001:  from fastapi import FastAPI, HTTPException
002:  from book_schemas import BookSchema, BookResponseSchema
003:
004:  app = FastAPI()
005:
006:  # デモ用のデータベース代わりに使うリスト
007:  # ダミーの書籍情報リスト
008:  books: list[BookResponseSchema] = [
009:      BookResponseSchema(id=1, title="Python入門", category="technical"),
010:      BookResponseSchema(id=2, title="はじめてのプログラミング", category="technical"),
011:      BookResponseSchema(id=3, title="すすむ巨人", category="comics"),
012:      BookResponseSchema(id=4, title="DBおやじ", category="comics"),
013:      BookResponseSchema(id=5, title="週刊ダイヤモンド", category="magazine"),
014:      BookResponseSchema(id=6, title="ザ・社長", category="magazine")
015:  ]
016:
```

8行目リスト「books: list[BookResponseSchema]」はデータベースの代わりに使われるダミーデータになります。このリストはBookResponseSchemaというデータ型のオブジェクトを持つリストです。BookResponseSchemaは、各書籍の情報（ID、タイトル、カテゴリ）を持つデータ型です。

○ エンドポイントの定義

リスト5.3でエンドポイントの定義を行います。

リスト5.3　main.py②

```
017:  # -------------------------------------------------------
018:  # 書籍を追加するためのエンドポイント
019:  # 引数：BookSchema
020:  # 戻り値：BookResponseSchema
021:  # -------------------------------------------------------
022:  @app.post("/books/", response_model=BookResponseSchema)
023:  def create_book(book: BookSchema):
024:      # 書籍IDを作成
025:      new_book_id = max([book.id for book in books], default=0) + 1
026:      # 新しい書籍を作成
```

```
027:        new_book = BookResponseSchema(id=new_book_id, **book.model_dump())
028:        # ダミーデータに追加
029:        books.append(new_book)
030:        # 登録書籍データを返す
031:        return new_book
032:
```

　このコードは、書籍を追加するためのAPIエンドポイントを定義しています。書籍情報を受け取り、新しい書籍をリストに追加し、追加した書籍情報を返します。

　22行目「response_model=BookResponseSchema」は、エンドポイントが返すレスポンスのデータ型を指定しています。つまり、このエンドポイントは「BookResponseSchema」型のデータを返します。これは各エンドポイントで指定しています。

　25行目「new_book_id = max([book.id for book in books], default=0) + 1」は書籍IDの作成をしています。IDが重複しないように、リスト内の最大のIDを見つけて、新しい書籍のIDとしてそれに1を加える方法で対応しています。リストが空の場合は、default=0を使用し、+1をすることで1からIDが設定されます。

　27行目「new_book = BookResponseSchema(id=new_book_id, **book.model_dump())」の「**book.model_dump()」では、Pydanticモデルのインスタンスから辞書形式のデータを生成し、「辞書のアンパック」を実施してBookResponseSchemaインスタンスを作成しています。インスタンス作成時、idには25行目で作成した「新しい書籍のID」を使用しています。

　29行目「books.append(new_book)」は、新しく作成した書籍オブジェクトを既存の書籍リストに追加します。

　31行目「return new_book」は、追加した新しい書籍オブジェクトを返します。このオブジェクトは、BookResponseSchema型に基づいています。

Column | response_model

　「response_model」はFastAPIで、エンドポイントの戻り値の型を指定するため使用されます。これにより、戻り値のデータ構造を明確に定義し、APIの利用者に対して予測可能なレスポンスを保証することができます。また、内部データを適切な形式に自動変換し、バリデーションも実施してくれます。

○ 書籍情報を取得するためのAPIエンドポイントの定義

以下**リスト5.4**では全ての書籍情報を取得するためのAPIエンドポイントを定義しています。

リスト5.4　main.py③

```
033:    # -------------------------------------------------------
034:    # 書籍情報を全件取得するエンドポイント
035:    # 引数：なし
036:    # 戻り値：BookResponseSchemaのリスト
037:    # -------------------------------------------------------
038:    @app.get("/books/", response_model=list[BookResponseSchema])
039:    def read_books():
040:        # すべての書籍を取得
041:        return books
042:
```

このエンドポイントにアクセスすると、現在の書籍リスト全体が返されます。

○ 書籍IDに基づいた書籍情報を取得するためのAPIエンドポイントの定義

リスト5.5は、特定の書籍IDに基づいて1件の書籍情報を取得するためのAPIエンドポイントを定義しています。

リスト5.5　main.py④

```
043:    # -------------------------------------------------------
044:    # 書籍情報をidによって1件取得するエンドポイント
045:    # 引数：書籍ID
046:    # 戻り値：BookResponseSchema
047:    # -------------------------------------------------------
048:    @app.get("/books/{book_id}", response_model=BookResponseSchema)
049:    def read_book(book_id: int):
050:        # IDに対応する書籍情報を取得
051:        for book in books:
052:            if book.id == book_id:
053:                return book
054:        # 無ければ例外を投げる
055:        raise HTTPException(status_code=404, detail="Book not found")
056:
```

このエンドポイントにアクセスすると、指定されたIDの書籍情報が返されます。もしそのID
に対応する書籍が見つからない場合は、エラーメッセージが返されます。

48行目「パスパラメータ」で指定している書籍ID：{ book_id }に対応するデータが存在しない
場合は、55行目「raise HTTPException(status_code=404, detail="Book not found")」で、指定さ
れたIDの書籍が見つからなかった場合のエラーメッセージを返します。HTTPステータスコード

404（Not Found）を返し、「Book not found」という詳細なエラーメッセージを含みます。
「404」ステータスコードは、「Not Found（見つかりません）」を意味し、クライアントがリクエストしたページやリソースがサーバー上に存在しない場合に使用されます。

○ **書籍情報を更新するためのAPIエンドポイントの定義**

リスト5.6では、特定の書籍IDに基づいて書籍情報を更新するためのAPIエンドポイントを定義しています。ユーザーが指定したIDの書籍情報を新しいデータで置き換えます。もしそのIDに対応する書籍が見つからない場合は、エラーメッセージが返されます。

リスト5.6 main.py⑤

```
057:  # --------------------------------------------------
058:  # idに対応する書籍情報を更新するエンドポイント
059:  # 引数：
060:  #   書籍ID
061:  #   BookSchema
062:  # 戻り値：BookResponseSchema
063:  # --------------------------------------------------
064:  @app.put("/books/{book_id}", response_model=BookResponseSchema)
065:  def update_book(book_id: int, book: BookSchema):
066:      # 特定のIDの書籍を更新
067:      for index, existing_book in enumerate(books):
068:          if existing_book.id == book_id:
069:              updated_book = BookResponseSchema(id=book_id, **book.model_dump())
070:              books[index] = updated_book
071:              return updated_book
072:      # 無ければ例外を投げる
073:      raise HTTPException(status_code=404, detail="Book not found")
074:
```

67～71行目が「指定されたIDの書籍」を新しいデータに更新するためのものです。

67行目「for index, existing_book in enumerate(books):」は、書籍リストbooksをループして、各書籍とそのインデックス（位置）を取得します。

69行目「updated_book = BookResponseSchema(id=book_id, **book.model_dump())」は、64行目のパスパラメータで指定している書籍ID：{ book_id }に対応するデータが存在した場合、新しいデータを使用して更新された書籍オブジェクトを作成します。book.model_dump()は、BookSchemaオブジェクトのデータを辞書形式に変換します。

70行目「books[index] = updated_book」で、リスト内の該当する書籍を新しく作成したupdated_bookで置き換えます。

73行目「raise HTTPException(status_code=404, detail="Book not found")」で、指定されたIDの書籍が見つからなかった場合のエラーメッセージを返します。

> **Column** | enumerate
>
> 「enumerate」は、リストなどの反復可能なオブジェクトをループする際に、現在のインデックスと要素の両方を取得できます。これにより、ループの中でインデックス（位置）を簡単に参照することができます。

◎ 書籍情報を削除するためのエンドポイントの定義

リスト5.7は、指定されたIDの書籍情報を削除するためのエンドポイントを定義しています。ユーザーが指定したIDの書籍情報を削除し、削除された書籍の情報を返します。もしそのIDに対応する書籍が見つからない場合は、エラーメッセージが返されます。

リスト5.7 main.py⑥

```
075:   # -------------------------------------------------------
076:   # idに対応する書籍情報を削除するエンドポイント
077:   # 引数：書籍ID
078:   # 戻り値：BookResponseSchema
079:   # -------------------------------------------------------
080:   @app.delete("/books/{book_id}", response_model=BookResponseSchema)
081:   def delete_book(book_id: int):
082:       # 特定のIDの書籍を削除
083:       for index, book in enumerate(books):
084:           if book.id == book_id:
085:               books.pop(index)
086:               return book
087:       # 無ければ例外を投げる
088:       raise HTTPException(status_code=404, detail="Book not found")
089:
```

83～86行目が「指定されたIDの書籍」を削除するためのものです。

「enumerate」を使用し、書籍リストbooksをループします。このとき、各書籍のインデックス（位置）と書籍オブジェクトを取得します。ループの中で、書籍のIDがbook_idと一致するかどうかをチェックします。一致する場合、その書籍をリストから削除（pop）し、削除された書籍の情報を返します。

☐ 実行する

フォルダ「fastapi_crud_books」を選択し、右クリックして表示されるダイアログにて「統合ターミナルで開く」を選択し、ターミナルを表示させます。選択したプロジェクトがカレントディレクトリに指定されたターミナルで以下のコマンドを実行します。

```
uvicorn main:app --reload
```

5-3-2 Swagger UIでの操作

ブラウザのアドレスバーに「http://127.0.0.1:8000/docs」を入力することで「Swagger UI」にアクセスします（図5.8）。GET、POST、PUT、DELETEの「書籍情報」を扱うエンドポイントが表示されます。

図5.8 Swagger UI

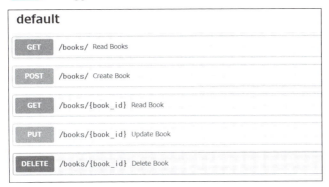

■ GET：書籍一覧取得

GET「books」の【⌄】をクリックして、詳細表示にします。「Try it out」ボタンをクリックすると、「Execute」ボタンが表示されます。「Execute」ボタンをクリックします。ダミーの書籍情報を一覧で取得できます（図5.9）。

図5.9 Swagger UI：書籍一覧取得

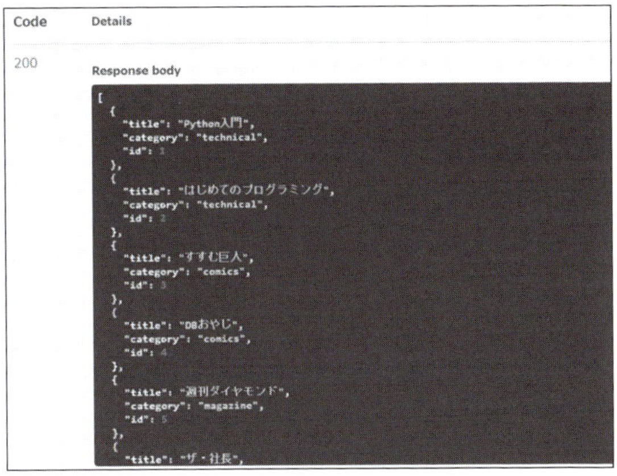

確認する箇所は、画面を下にスクロールして表示される「Responses」の箇所です。
「Schema」をクリックすると、①レスポンスはオブジェクトの配列であり、②各オブジェクト

は一冊の書籍情報を表し、「title」（文字列型）、「category」（文字列型）、そして「id」（整数型）という3つの必須プロパティを持っています。この記述は、エンドポイントの「response_model」に設定した内容がドキュメントに反映されています。

「response_model」についてもっと詳細に知りたい場合は、公式サイトを参照ください。

URL：https://fastapi.tiangolo.com/ja/tutorial/response-model/

図5.10 Swagger UI：書籍一覧取得（スキーマ）

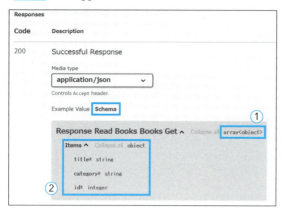

POST：書籍作成

POST「books」の【∨】をクリックして、詳細表示にします。「Try it out」ボタンをクリックし、「Request body」のtitleに「孤独なDBおやじのグルメ」、categoryに「comics」を入力後「Execute」ボタンをクリックします（**図5.11**）。「Server response」→「Response body」を確認します。エンドポイントの「response_model」に設定した内容が「Response body」に設定されて返されていることが確認できます（**図5.12**）。

図5.11 Swagger UI：書籍作成

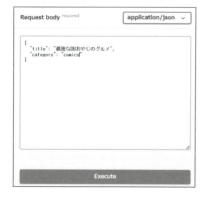

図5.12 Swagger UI：書籍作成（結果）

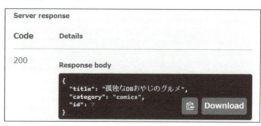

▆ GET：書籍詳細取得

GET「books/{ book_id }」の【∨】をクリックして、詳細表示にします。「Try it out」ボタンをクリックし、book_idに「1」を設定後「Execute」ボタンをクリックします。「Server response」→「Response body」を確認します。書籍IDに対応した書籍情報が、エンドポイントの「response_model」に設定した内容で返されていることが確認できます（図5.13、図5.14）。

図5.13　Swagger UI：書籍詳細取得

図5.14　Swagger UI：書籍詳細取得（結果）

▆ GET：書籍詳細取得（404）

「Clear」ボタンをクリック後、book_idに存在しない書籍ID「999」を設定後「Execute」ボタンをクリックします。「Server response」→「Response body」を確認します。HTTPExceptionに設定した内容が「Response body」に格納されて返されていることを確認できます（図5.15、図5.16）。404の確認方法は、「PUT：書籍更新」、「DELETE：書籍削除」でも同様です。

図5.15　Swagger UI：書籍詳細取得（404）

図5.16　Swagger UI：書籍詳細取得（結果:404）

▆ PUT：書籍更新

PUT「books/{ book_id }」の【∨】をクリックして、詳細表示にします。「Try it out」ボタンをクリックし、book_idに「7」を設定後、「Request body」のtitleに「サヨナラDBおやじ」、categoryに「comics」を入力後「Execute」ボタンをクリックします。書籍IDに対応した書籍情報の修正されたデータが、エンドポイントの「response_model」に設定した内容で返されているこ

とが確認できます（図5.17、図5.18）。

図5.17　Swagger UI：書籍更新

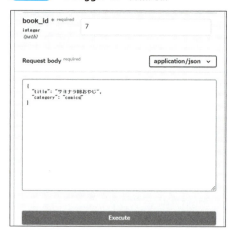

図5.18　Swagger UI：書籍更新（結果）

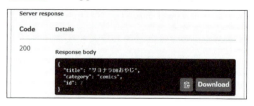

■ DELETE：書籍削除

DELETE「books/{ book_id }」の【∨】をクリックして、詳細表示にします。「Try it out」ボタンをクリックし、book_idに「7」を設定後「Execute」ボタンをクリックします。書籍IDに対応した書籍情報の削除されたデータが、エンドポイントの「response_model」に設定した内容で返されていることが確認できます（図5.19、図5.20）。

図5.19　Swagger UI：書籍削除

図5.20　Swagger UI：書籍削除（結果）

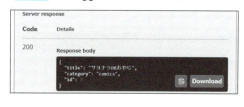

データベースへの保存などの「永続化処理」はしていませんが、FastAPIでCRUD処理を作成できました。

5-3-3　Pydantic再び

CRUDの「Create：作成」では、データを新しく登録する際にPydanticの「Field関数」がとても役立ちます。Fieldを使用することで、登録するデータの型を指定し、データのバリデーションルールやメタデータ（デフォルト値、説明文など）を定義できます。これにより、登録データが適切

な形式でAPIに送信されているかを自動的にチェックし、問題があればエラーを返してくれます。その結果、データ登録の正確性と信頼性を高めることができます。

■ 利点

PydanticのField関数を使用する利点を**表5.4**にまとめます。

表5.4 Field関数を使用する利点

利点	説明
バリデーション	入力データに対して追加の検証ルールを適用できます
デフォルト値	フィールドにデフォルト値を設定できます
メタデータ	フィールドに関する追加情報を提供できます
説明文	フィールドに説明を追加してドキュメントを充実させることができます

■ Field関数の引数項目

Field関数に引数を設定することで、フィールド定義に追加の情報を提供できます。**表5.5**に主要な引数項目を示します。

表5.5 Field関数の引数項目

引数	説明
description	フィールドの内容を説明します
examples	フィールドに入力する具体的な例を示します
gt	指定した値より大きい数値でなければなりません (greater than)
lt	指定した値より小さい数値でなければなりません (less than)
ge	指定した値以上でなければなりません (greater than or equal to)
le	指定した値以下でなければなりません (less than or equal to)
min_length	文字列が指定した最小の長さでなければなりません
max_length	文字列が指定した最大の長さを超えてはなりません

その他の項目について詳細に知りたい場合は、公式ページを参照ください。

URL：https://docs.pydantic.dev/latest/concepts/fields/

説明だけではわかりづらいため、Field関数を使用したプログラムを作成しましょう。

■ プロジェクトフォルダとファイルの作成

「1-4-3 ハンズオン環境の作成」で作成した「C:¥work_fastapi」ディレクトリに、今回作成するプログラム用のプロジェクトフォルダを作成します。

VSCode画面にて「新しいフォルダを作る」アイコンをクリックし、フォルダ「fastapi_pydantic_field」を作成し、作成したフォルダを選択後「新しいファイルを作る」アイコンをクリックし、ファイル「main.py」を作成します（図5.21）。

図5.21　フォルダとファイルの作成

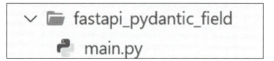

■ コードを書く

作成した「main.py」にリスト5.8のコードを記述します。

リスト5.8　main.py

```
from fastapi import FastAPI
from pydantic import BaseModel, Field

app = FastAPI()

# データ構造
class BookSchema(BaseModel):
    title: str = Field(..., description="タイトルの指定：必須",
                       example="コイノボリが如く")
    category: str = Field(..., description="カテゴリの指定：必須",
                          example="comics")
    publish_year: int = Field(default=None, description="出版年の指定：任意",
                              example=2023)
    price: float = Field(..., gt=0, le=5000,
                         description="価格の指定：0 < 価格 <=10000：必須",
                         example=2500)

# エンドポイント
@app.post("/books/", response_model=BookSchema)
async def create_book(book: BookSchema):
    return book
```

このコードは、書籍情報を登録するためのFastAPIアプリケーションです。「BookSchema」クラスは、書籍のtitle（タイトル）、category（カテゴリ）、publish_year（出版年）、price（価格）と

いうフィールドを定義しており、「Field関数」を使用して各フィールドの詳細とバリデーションルールを設定しています。

Field関数の説明については、「**表5.5 Field関数の引数項目**」を参照ください。

8、10、14行目の「...（Ellipsis：エリプシス）」を使用しているフィールドは入力が必須であることを示します。

実行する

フォルダ「fastapi_pydantic_field」を選択し、右クリックして表示されるダイアログにて「統合ターミナルで開く」を選択し、ターミナルを表示させます。選択したプロジェクトがカレントディレクトリに指定されたターミナルで以下のコマンドを実行します。

```
uvicorn main:app --reload
```

5-3-4　Swagger UIでの操作

各設定の確認

ブラウザのアドレスバーに「http://127.0.0.1:8000/docs」を入力することで「Swagger UI」にアクセスし、「POST：/books/」の【∨】をクリックして、詳細表示にします。「Request body」→「Example Value」を確認すると、Field関数で設定した「example」で設定した値が表示され、どのような値を入力すれば良いのかわかります（**図5.22**）。

図5.22 Example Value

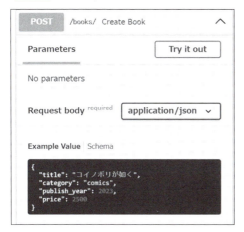

「Example Value」横の「Schema」を確認すると、Field関数で設定した「必須」や「範囲指定」の条件を確認できます（**図5.23**）。

「フィールド」横の「>」をクリックするとField関数で設定した「description」の値が表示され、フィールドの詳細情報を確認できます（図5.24）。

図5.23　Schema

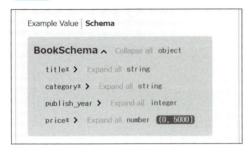

図5.24　Schema

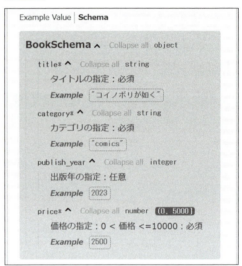

exampleの利用

「Try it out」ボタンをクリックし、「Request body」を確認するとField関数で設定した「example」の値が自動でJSONの値に反映されます。「Execute」ボタンをクリックすると、正常処理されます（図5.25）。

図5.25　exampleの利用

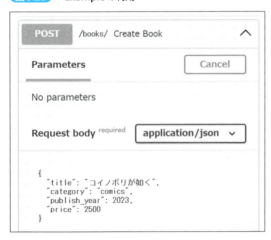

任意項目の削除

「Request body」の内容で「"publish_year": 2023,」を削除して、「Execute」ボタンをクリックす

ると、publish_yearにはField関数で設定したデフォルト値が反映されて、正常処理されます（図5.26、図5.27）。

図5.26 任意項目の削除

図5.27 任意項目の削除（結果）

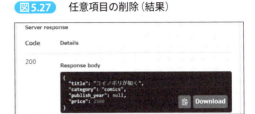

必須項目の削除

「Parameters」横の「Reset」ボタンをクリックするし、データを初期化します（図5.28）。

図5.28 初期化

「Request body」の内容で「"title": "コイノボリが如く",」を削除して、「Execute」ボタンをクリックすると、「Server response」の「Code」に「422」と表示され、エラー内容として「Unprocessable Entity（処理できないエンティティ）」が表示されます。このエラーは、APIに送信されたリクエストが何らかの理由で処理できないときに返されます。

エラー内容の詳細は、「Response body」の内容「detail」セクションに記述されます。内容には問題のフィールド、メッセージ「Field required」、そしてリクエストで提供された他の入力データなどが表示されます（図5.29）。

Pydanticの「Field関数」についてマインドマップでまとめたものを示します（図5.30）。

図5.29 エラー内容の詳細

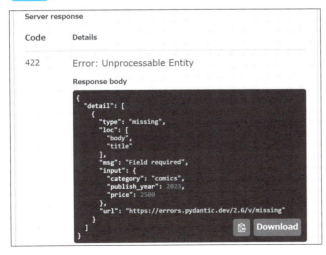

図5.30　マインドマップ（Field）

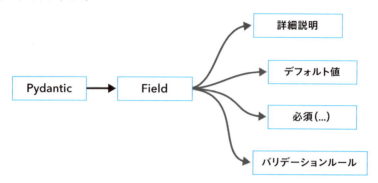

Column ｜ Field機能とAnnotated型

「Annotated」を使うと、型ヒントに追加の情報を付け加えることができますが、Pydanticを使うときには「Annotated」を使う必要はほとんどありません。

Pydanticでは、「Field」機能を使って、モデルの各フィールドにデフォルト値や検証ルール、説明文などを設定できます。例えば、商品の価格に上限を設定したり、フィールドに説明文を加えたりすることができます。

一方で、Python 3.9から追加された「typing.Annotated」は、型ヒントに追加の情報を加えるために使われますが、Pydanticのモデルを定義する際にはあまり使いません。「Annotated」は特定のツールやフレームワークで必要になることがありますが、Pydanticでは「Field」機能が同じ役割を果たします。

上記から、「Annotated」は非常に便利な機能ですが、Pydanticの使用においては「Field」が同様の役割を果たすため、「Annotated」を使う機会は少ないということを覚えておいて下さい。

第 **6** 章

同期処理と非同期処理

6-1 同期処理と非同期処理とは？

6-2 FastAPIでの非同期処理

Section 6-1 同期処理と非同期処理とは？

FastAPIは、色々な処理を同時にできるようにする「非同期処理」が得意です。ここでは、同期処理と非同期処理について説明します。

6-1-1 同期処理と非同期処理

同期処理は、タスクを順番に1つずつ完了させる処理方法で、1つのタスクが完了するまで次のタスクは待たされます。一方、非同期処理は、あるタスクを待っている間に他のタスクを進めることができ、複数の作業を並行して実行することが可能になります。これにより、アプリケーションの効率と応答性が向上します。

現実世界で例える

食事を作成するタスクで「同期処理」と「非同期処理」を考えます（図6.1）。

図6.1 現実世界で例える（同期・非同期）

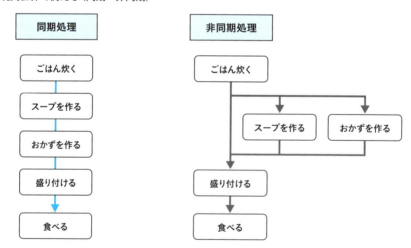

- 同期処理
  - 同期処理では、タスク（仕事）が順番に実行されます
  - ごはんを炊き→スープを作り→次におかずを作り、順番に処理を完了後に食事ができる、という流れです

6-1 同期処理と非同期処理とは？

- タスクが終わるまでは次のタスクに移れず、1つずつ順番に処理していくため、効率が下がることがあります

○ 非同期処理
- 非同期処理では、1つのタスクを開始した後、その完了を待たずに次のタスクを開始できます
- ごはんをたいている間に、スープを作り、おかずを作り始めることができます
- 最終的に、全てのタスクが完了したところで食事を楽しむことができます
- 各タスクが他タスクの完了を待つことなく複数の作業を同時に進行できるため、時間を有効に活用できます

○ アプリケーションの作成
「1-4-3 ハンズオン環境の作成」で作成した「C:¥work_fastapi」ディレクトリに、今回作成するプログラム用のプロジェクトフォルダを作成します。

VSCode画面にて「新しいフォルダを作る」アイコンをクリックし、フォルダ「sync_async」を作成し、作成したフォルダを選択後「新しいファイルを作る」アイコンをクリックし、ファイル「main.py」を作成します（図6.2）。

図6.2　フォルダとファイルの作成

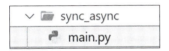

作成した「main.py」に**リスト6.1**のコードを記述します。

リスト6.1　main.py

```
001: # 1. 同期処理
002: # 同期処理は、タスクを順番に一つずつ実行する方法
003: # 一つのタスクが終わるまで、次のタスクは待機
004: import time
005:
006: # 処理関数
007: def sync_task(name):
008:     print(f"{name} タスク開始")
009:     time.sleep(2)  # タスクの実行（2秒待機）
010:     print(f"{name} タスク終了")
011:
012: # 処理をまとめた関数
013: def run_sync_tasks():
014:     sync_task("タスク1")
015:     sync_task("タスク2")
016:     sync_task("タスク3")
017:
```

117

```
018:    print("同期処理の例：")
019:    run_sync_tasks()
020:
021:    # 2. 非同期処理
022:    # 非同期処理は、複数のタスクを同時に開始し、
023:    # 完了を待たずに次のタスクに進む
024:    import asyncio
025:
026:    # 非同期：処理関数
027:    async def async_task(name):
028:        print(f"{name} タスク開始")
029:        await asyncio.sleep(2)   # 非同期的な待機（他のタスクが実行可能）
030:        print(f"{name} タスク終了")
031:
032:    # 非同期：処理をまとめた関数
033:    async def run_async_tasks():
034:        await asyncio.gather(
035:            async_task("タスクA"),
036:            async_task("タスクB"),
037:            async_task("タスクC")
038:        )
039:
040:    print("\n非同期処理の例：")
041:    asyncio.run(run_async_tasks())
```

このソースコードは、プログラム内で「同期処理」と「非同期処理」がどのように動作するかを示しています。同期処理では、タスクが一つずつ順番に実行され、前のタスクが終わるまで次のタスクが待機します。一方で、非同期処理では、複数のタスクが同時に開始され、全てのタスクが並行して実行されます。これにより、タスクの実行が効率化されます。

■ 実行する

作成した「main.py」を選択し、マウスを右クリックするとダイアログが表示されます。その中の「ターミナルでPythonファイルを実行する」をクリックすると、ターミナルに結果が表示されます（**図6.3**）。

図6.3 同期処理と非同期処理

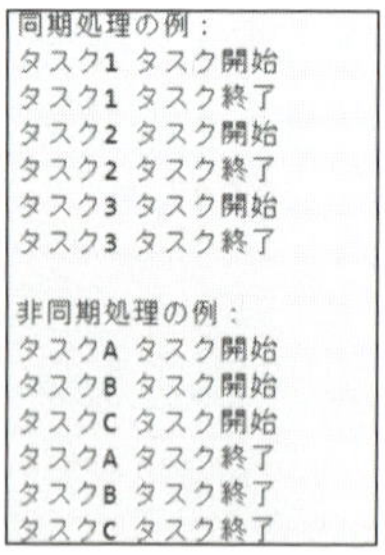

6-1-2 Pythonでの非同期処理

Pythonは、1つの処理が終わってから次の処理を開始する同期処理が基本処理ですが、「asyncio」というライブラリを使用することで「非同期処理」を行えます。「asyncio」は「イベントループ」と呼ばれる仕組みを使用して、複数の処理を同時に実行することができます。

イベントループとは？

「イベントループ」は、プログラムが順番に「タスク」をこなすための仕組みです。「イベントキュー」にはタスクが並んでおり、「イベントループ」がそれを1つずつ処理していきます。

非同期処理では、すぐには終わらない「タスク」をイベントキューに入れておき、プログラムは「イベントキュー」から次々とタスクを取り出します。タスクがすぐ処理できるものはその場で処理し、時間がかかるものは待ちながら、別の「タスク」を始めます。これによって、プログラムは無駄なく時間を使用して、いくつもの作業を同時に進めることができます（図6.4）。

図6.4 イベントループ

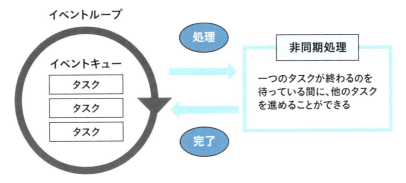

6-1-3 「asyncio」を使用するプログラムの作成

プロジェクトフォルダとファイルの作成

「1-4-3 ハンズオン環境の作成」で作成した「C:¥work_fastapi」ディレクトリに、今回作成するプログラム用のプロジェクトフォルダを作成します。

VSCode画面にて「新しいフォルダを作る」アイコンをクリックし、フォルダ「asyncio」を作成し、作成したフォルダを選択後「新しいファイルを作る」アイコンをクリックし、ファイル「main.py」を作成します（図6.5）。

図6.5 フォルダとファイルの作成

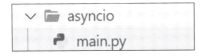

■ コードを書く

作成した「main.py」に**リスト6.2**のコードを記述します。このコードは、非同期処理の利点を示すために、仮のデータ取得と計算を同時に行うコードです。

リスト6.2 main.py

```python
001:    import asyncio
002:
003:    # 非同期でデータを取得するコルーチン
004:    async def fetch_data():
005:        print("データ取得を開始します...")
006:        # ネットワーク遅延を想定
007:        await asyncio.sleep(4)
008:        print("データが取得されました!!! 「data:xyz」")
009:
010:    # 非同期で計算を実行するコルーチン
011:    async def perform_calculation():
012:        print("計算を開始します...")
013:        # 計算の遅延をシミュレート
014:        await asyncio.sleep(2)
015:        print("計算が完了しました!!! 答え「12345」")
016:
017:    # メインコルーチン
018:    async def main():
019:        print("データ取得と計算を開始する前")
020:        # fetch_data と perform_calculation を同時に実行
021:        await asyncio.gather(fetch_data(), perform_calculation())
022:        print("すべてのタスクが完了しました")
023:
024:    # メインコルーチンを実行する
025:    asyncio.run(main())
```

1行目「import asyncio」で非同期処理のためのライブラリをインポートします。非同期処理で重要なキーワードは以下2つです。

- async
  関数を非同期にするための宣言です。
- await
  非同期関数の実行を待つ際に使用します。このキーワード後の操作が完了するまで、プログラムの実行を一時停止します。

4〜8行目は「非同期でデータを取得するコルーチン」で11〜15行目は「非同期で計算を実行するコルーチン」です（コラム参照）。

7行目「await asyncio.sleep(4)」は、プログラムの実行を4秒間停止させます。この間、プログラムは他の操作を行わず、4秒後に再開します。このコマンドを使用することで、非同期プログラミングにおいて意図的に遅延を作り出すことができます。14行目もプログラムの実行を2秒間停止させる、同様の動きです。

21行目「await asyncio.gather(fetch_data(), perform_calculation())」は、fetch_data()とperform_calculation()という2つの非同期関数を同時に実行し、両方の処理が完了するのを待ちます。これにより、プログラムは2つのタスクを並行して進めることができ、全体の実行時間を短縮することが可能になります。

25行目「asyncio.run(main())」は、main()という非同期関数を開始し、完了するまで実行します。この関数は、Pythonの非同期プログラミングにおけるエントリーポイントとして機能し、プログラムの非同期処理を管理するasyncioライブラリによって提供されています。

Column | コルーチン

「コルーチン」とは、プログラムの実行中に一時停止して、別のタスクの実行を許可し、後で実行を再開できる特別な関数のことです。非同期コルーチンは、「async def」によって定義され、「await式」で他の非同期処理の完了を待つことができます。ちなみに、今までFastAPIのプログラムで使用していた、FastAPIの「async」とPythonの「async」は同じものです。FastAPIはPythonの非同期機能を利用しており、「async def」を使用して定義されたエンドポイントはPythonの非同期コルーチンとして動作します。

実行する

フォルダ：asyncio→ファイル：main.pyを選択し、マウスを右クリックして「ターミナルでPythonファイルを実行する」をクリックすると、ターミナルに結果が表示されます（**図6.6**）。

図6.6 実行結果

```
データ取得と計算を開始する前
データ取得を開始します...
計算を開始します...
計算が完了しました!!! 答え「12345」
データが取得されました!!! 「data:xyz」
すべてのタスクが完了しました
```

非同期で計算処理が2秒後に実行され、データ取得処理が4秒後に実行されたことが確認できます。

Section
6-2

FastAPIでの非同期処理

FastAPIを使用した非同期処理の例として、外部APIからデータを取得するシンプルなエンドポイントを考えてみましょう。ここでは「httpx」を使用して非同期にHTTPリクエストを行い、レスポンスを返すプログラムを作成します。

6-2-1 httpxのインストール

「httpx」はPythonでHTTPリクエストを送るための非同期対応のライブラリです。requestsライブラリに似ていますが、httpxは非同期プログラミングに対応しており、「async / await」構文を使用して非同期にHTTPリクエストを行うことができます。これにより、WebアプリケーションやAPIクライアントなどで効率的な非同期通信を実現できます。

□ pipコマンド

仮想環境：fastapi_envに「httpx」をpipコマンドを使用してライブラリをインストールしましょう。

```
pip install httpx
```

6-2-2 「httpx」を使用するプログラムの作成

□ プロジェクトフォルダとファイルの作成

「1-4-3 ハンズオン環境の作成」で作成した「C:¥work_fastapi」ディレクトリに、今回作成するプログラム用のプロジェクトフォルダを作成します。

VSCode画面にて「新しいフォルダを作る」アイコンをクリックし、フォルダ「fastapi_async」を作成し、作成したフォルダを選択後「新しいファイルを作る」アイコンをクリックし、ファイル「main.py」を作成します（図6.7）。

図6.7 フォルダとファイルの作成

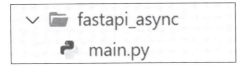

◻ コードを書く

作成した「main.py」に**リスト6.3**のコードを記述します。このコードは、「2-1-3　WebAPIプログラムの作成」で使用した住所検索APIサービスを利用します。FastAPIを使用して、北海道、東京、沖縄の「郵便番号」を基に住所情報を非同期に取得するWebアプリケーションです。

リスト6.3 main.py

```
001: from fastapi import FastAPI
002: import asyncio
003: import httpx
004:
005: app = FastAPI()
006:
007: # 郵便番号APIを利用する関数
008: # 郵便番号APIのURLを指定
009: # (例) 郵便番号「7830060」で検索する場合
010: # https://zipcloud.ibsnet.co.jp/api/search?zipcode=7830060
011: async def fetch_address(zip_code: str):
012:     async with httpx.AsyncClient() as client:
013:         response = await client.get(
014:             f"https://zipcloud.ibsnet.co.jp/api/search?zipcode={zip_code}"
015:         )
016:         return response.json()
017:
018: # エンドポイント
019: @app.get("/addresses/")
020: async def get_addresses():
021:     zip_codes = [
022:                 '0600000',  # 北海道
023:                 '1000001',  # 東京
024:                 '9000000'   # 沖縄
025:                 ]
026:     return await asyncio.gather(*(fetch_address(zip_code) for zip_code in zip_codes))
```

11～16行目は、「httpx.AsyncClient()」を使用して非同期に外部のAPI（zipcloudの郵便番号検索API）にリクエストを送り、特定の郵便番号に関する住所情報を取得します。「async with」を使用してHTTPクライアントを非同期に開始し、awaitでリクエストのレスポンスを待ちます。

13行目「client.get」は、httpxライブラリの「AsyncClient」クラスを使用して、指定されたURL

に対してHTTP GETリクエストを非同期で送信するメソッドです。このメソッドを使用することで、Webサーバーからデータを非同期に取得し、プログラムの実行をブロックすることなく他の処理を進めることができます。取得したレスポンス（response）からJSONデータを取り出して返すことで、住所情報を得ることができます。

19〜26行目は、北海道、東京、沖縄の3つの郵便番号に対して非同期に住所情報を取得しています。「asyncio.gather」を使用し、11行目の「fetch_address関数」を並列に実行することで、複数の郵便番号についての情報を同時に取得し、それらの結果をリストとして返します。これにより、1度のリクエストで複数のデータを効率的に処理することができます。

26行目「*」演算子は、Pythonで「アンパック」演算子として機能し、リストやタプルのようなイテラブル（繰り返し可能なオブジェクト）の要素を個別の引数として関数に渡すのに使用されます。つまり、zip_codesリストの各要素（郵便番号）に対してfetch_address関数を非同期実行し、戻り値（JSON形式の辞書）を集めてリストにしています。asyncio.gatherはこれらの非同期タスクを同時に実行し、全てのタスクの完了を待って、それぞれの結果を含むリストを返します。

▢ 実行する

フォルダ「fastapi_async」を選択し、右クリックして表示されるダイアログにて「統合ターミナルで開く」を選択し、ターミナルを表示させます。選択したプロジェクトがカレントディレクトリに指定されたターミナルで以下のコマンドを実行します。

```
uvicorn main:app --reload
```

サーバーが起動したことを確認後、ブラウザを立ち上げ、アドレスバーに「http://127.0.0.1:8000/addresses/」を入力します。3つの郵便番号に対する住所情報が表示されます（**図6.8**）。

図6.8 住所情報

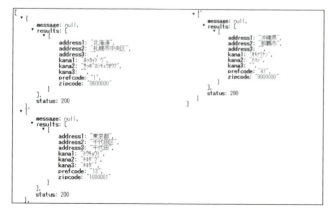

FastAPIでの非同期処理についてイメージできましたでしょうか？

第7章

ルーティングの分割

7-1 APIRouterとは？

7-2 リファクタリング

Section 7-1 APIRouterとは？

今まで作成してきたFastAPIのアプリケーションでは、ルーティング処理にはFastAPIクラスのインスタンスを使用した方法を利用してきました。ここでは、大規模なアプリケーション開発や整理された構造を持つAPIを開発する際に利用するクラス「APIRouter」について説明します。

7-1-1 APIRouterの概要

「APIRouter」は、FastAPIのアプリケーションのルーティングを、機能ごとに分割し、モジュール化するためのクラスです。これにより、大規模なアプリケーションのコードを、より管理しやすく、読みやすくすることができます。

「APIRouter」を使用する主な利点は、アプリケーションのルーティングを複数のファイル（モジュール）に分割できることです。これにより、各機能やリソースごとに独立したルーティングロジックを持つことができ、それぞれを「include_router()メソッド」を使用して、メインのFastAPIアプリケーションに組み込むことができます。

上記説明をマインドマップでまとめたものを示します（図7.1）。

図7.1 マインドマップ（APIRouter）

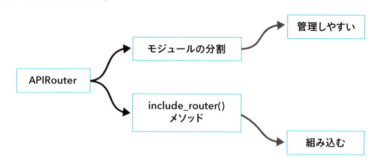

7-1-2 プログラムの作成

まずは「APIRouter」を使用せずに、FastAPIクラスのインスタンスを使用した方法でルーティング処理を行うプログラムの作成を行います。作成するプログラムは、「商品情報」と「カテゴリ情報」を扱うプログラムです。

7-1 APIRouterとは?

■ プロジェクトフォルダとファイルの作成

「1-4-3 ハンズオン環境の作成」で作成した「C:¥work_fastapi」ディレクトリに、今回作成するプログラム用のプロジェクトフォルダを作成します。

VSCode画面にて「新しいフォルダを作る」アイコンをクリックし、フォルダ「fastapi_router」を作成し、作成したフォルダを選択後「新しいファイルを作る」アイコンをクリックし、ファイル「main.py」を作成します（**図7.2**）。

図7.2 フォルダとファイルの作成

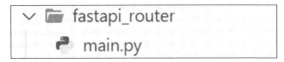

■ コードを書く

作成した「main.py」に**リスト7.1**のコードを記述します。

リスト7.1 main.py

```
001: from fastapi import FastAPI
002: from pydantic import BaseModel
003:
004: app = FastAPI()
005:
006: # =====【スキーマ】=====
007: # カテゴリのスキーマ
008: class Category(BaseModel):
009:     category_id: int
010:     category_name: str
011:
012: # 商品のスキーマ
013: class Item(BaseModel):
014:     item_id: int
015:     item_name: str
016:     category_id: int
017:
018: # =====【カテゴリ】=====
019: # カテゴリ一覧を取得
020: @app.get("/categories/", response_model=dict)
021: async def read_categories():
022:     # 実際にはデータベースから取得する処理が入ります
023:     return {"message": "カテゴリ一覧を表示", "categories": []}
024:
025: # 新しいカテゴリを作成
```

```
026:    @app.post("/categories/", response_model=dict)
027:    async def create_category(category: Category):
028:        # 実際にはデータベースに保存する処理が入ります
029:        return {"message": "カテゴリを作成しました", "category": category}
030:
031:    # カテゴリを更新
032:    @app.put("/categories/{category_id}", response_model=dict)
033:    async def update_category(category_id: int, category: Category):
034:        # 実際にはデータベースを更新する処理が入ります
035:        return {"message": "カテゴリを更新しました",
036:                "category_id": category_id, "category": category}
037:
038:    # カテゴリを削除
039:    @app.delete("/categories/{category_id}", response_model=dict)
040:    async def delete_category(category_id: int):
041:        # 実際にはデータベースから削除する処理が入ります
042:        return {"message": "カテゴリを削除しました", "category_id": category_id}
043:
044:    # =====【商品】=====
045:    # 商品一覧を取得
046:    @app.get("/items/", response_model=dict)
047:    async def read_items():
048:        # 実際にはデータベースから取得する処理が入ります
049:        return {"message": "商品一覧を表示", "items": []}
050:
051:    # 新しい商品を作成
052:    @app.post("/items/", response_model=dict)
053:    async def create_item(item: Item):
054:        # 実際にはデータベースに保存する処理が入ります
055:        return {"message": "商品を作成しました", "item": item}
056:
057:    # 商品を更新
058:    @app.put("/items/{item_id}", response_model=dict)
059:    async def update_item(item_id: int, item: Item):
060:        # 実際にはデータベースを更新する処理が入ります
061:        return {"message": "商品を更新しました",
062:                "item_id": item_id, "item": item}
063:
064:    # 商品を削除
065:    @app.delete("/items/{item_id}", response_model=dict)
066:    async def delete_item(item_id: int):
067:        # 実際にはデータベースから削除する処理が入ります
068:        return {"message": "商品を削除しました", "item_id": item_id}
```

　新しく説明する内容はありませんので、ソースコードをざっくり説明します。

　7〜16行目でカテゴリと商品のスキーマを作成しています。CategoryとItemクラスは
pydantic.BaseModelを継承することで、入力データのバリデーションが自動的に行われ、期待

する型と異なるデータが入力された場合にエラーを返します。

19〜42行目が「カテゴリ」のCRUDエンドポイント、45〜68行目が「商品」のCRUDエンドポイントです。各エンドポイントは、対応するHTTPメソッドとパスを持ち、適切なPydanticモデルをリクエストボディとして受け取るように設定しています。これにより、データの整合性と操作の明確化が図られます。

各エンドポイントでは「response_model=dict」を指定しており、これはレスポンスの形式を辞書型（dict）に指定することを意味します。これにより、FastAPIはレスポンスのデータが指定された形式であることを保証します。

実行する

フォルダ「fastapi_router」を選択し、右クリックして表示されるダイアログにて「統合ターミナルで開く」を選択し、ターミナルを表示させます。選択したプロジェクトがカレントディレクトリに指定されたターミナルで以下のコマンドを実行します。

```
uvicorn main:app --reload
```

Swagger UIでの確認

ブラウザのアドレスバーに「http://127.0.0.1:8000/docs」を入力することで「Swagger UI」にアクセスし、各エンドポイントを確認できます（図7.3）。

図7.3 エンドポイント

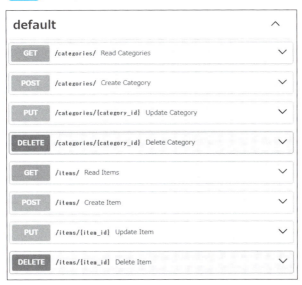

次は、作成したソースコードを「APIRouter」を利用してリファクタリングしましょう。

Section 7-2 リファクタリング

「リファクタリング」とは、プログラムの外部の動作を変えることなく、内部の構造を改善するプロセスのことを指します。つまり、ソフトウェアの機能性や動作に影響を与えずに、コードの可読性、保守性などを向上させることが「リファクタリング」です。

7-2-1 リファクタリングの主な目的

リファクタリングの目的は以下の4つに分類されます（図7.4）。

図7.4　マインドマップ（リファクタリングの主な目的）

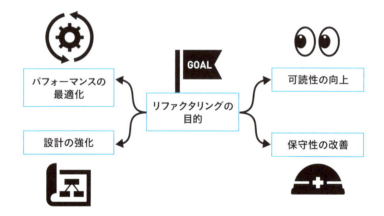

○ 可読性の向上

　コードが読みやすくなると、新しい開発者がプロジェクトに参加しやすくなり、既存の開発者も問題をより早く理解し解決できるようになります。

○ 保守性の改善

　よりシンプルで整理されたコードは、バグを見つけやすく、修正も容易です。また、将来的な機能追加や改修がしやすくなります。

○ パフォーマンスの最適化

　不要な処理を削除したり、効率的なアルゴリズムに置き換えることで、プログラムの実行効率を向上させることができます。

設計の強化

より良い設計原則に基づいてコードを構築することで、ソフトウェアの全体的なアーキテクチャを強化し、新しい機能の統合を容易にします。

7-2-2 プログラムの作成（リファクタリング）

先ほど作成した「fastapi_router」を「APIRouter」を使用し、ディレクトリ構造も考慮してリファクタリングを行いましょう。

フォルダとファイルの作成

フォルダ「fastapi_router」を選択後「新しいフォルダを作る」アイコンをクリックし、フォルダ「routers」とフォルダ「schemas」を作成します。作成したフォルダについて**表7.1**に記述します。

表7.1 作成したフォルダ詳細

フォルダ名	役割と説明
routers	各種APIエンドポイントをグループ化して管理するフォルダです。特定の機能やリソースに対するルート（URLパス）とビジネスロジックの処理を定義し配置します。例えば、カテゴリ関連の操作をcategories.py、商品関連の操作をitems.pyとして分けて管理できます
schemas	リクエストとレスポンスのデータ構造を定義するためのモデル（Pydanticモデル）を管理するフォルダです。このフォルダに配置するファイルは、APIを通じて送受信されるデータの形式と検証ルールを指定します。このファイルにより、データのバリデーションが自動で行われ、APIの利用者に対して一貫したデータ形式を保証します

フォルダ「routers」にファイル「categories.py」、「items.py」を作成し、フォルダ「schemas」にファイル「category.py」、「item.py」を作成します（**図7.5**）。

図7.5 リファクタリング後のフォルダ構成

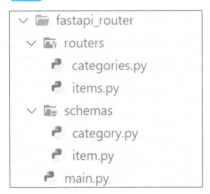

☐ コードの作成と修正

フォルダ：schemas→ファイル：category.pyに**リスト7.2**のコードを記述します。

リスト7.2 スキーマ（**category.py**）

```
001:    from pydantic import BaseModel
002:
003:    # カテゴリのスキーマ
004:    class Category(BaseModel):
005:        # カテゴリID
006:        category_id: int
007:        # カテゴリ名
008:        category_name: str
```

フォルダ：schemas→ファイル：item.pyに**リスト7.3**のコードを記述します。

リスト7.3 スキーマ（**item.py**）

```
001:    from pydantic import BaseModel
002:
003:    # 商品のスキーマ
004:    class Item(BaseModel):
005:        # 商品ID
006:        item_id: int
007:        # 商品名
008:        item_name: str
009:        # カテゴリID
010:        category_id: int
```

これらのコードは、Pydanticを使用して「商品」と「カテゴリ」のデータを定義するスキーマについて記述しています。これらのスキーマを使用することで、FastAPIなどのWebフレームワークでデータの一貫性を保ちつつ、APIのリクエストおよびレスポンスデータの構造を定義できます。Pydanticは自動的にデータのバリデーションを行い、期待する型と異なるデータが入力された場合にエラーを返すため、データの信頼性を高めます。

フォルダ：routers→ファイル：categories.pyに**リスト7.4**のコードを記述します。

リスト7.4 ルーター（**categories.py**）

```
001:    from fastapi import APIRouter
002:    from schemas.category import Category
003:
004:    router = APIRouter()
005:
006:    # ----------------------------------------------------
```

7-2 リファクタリング

```
007:    # カテゴリ一覧を表示するためのエンドポイント
008:    # ----------------------------------------------------
009:    @router.get("/categories/", response_model=dict)
010:    async def read_categories():
011:        return {"message": "カテゴリ一覧を表示", "categories": []}
012:
013:    # ----------------------------------------------------
014:    # カテゴリを登録するためのエンドポイント
015:    # ----------------------------------------------------
016:    @router.post("/categories/", response_model=dict)
017:    async def create_category(category: Category):
018:        return {"message": "カテゴリを作成しました", "category": category}
019:
020:    # ----------------------------------------------------
021:    # カテゴリを更新するためのエンドポイント
022:    # ----------------------------------------------------
023:    @router.put("/categories/{category_id}", response_model=dict)
024:    async def update_category(category_id: int, category: Category):
025:        return {"message": "カテゴリを更新しました",
026:                "category_id": category_id, "category": category}
027:
028:    # ----------------------------------------------------
029:    # カテゴリを削除するためのエンドポイント
030:    # ----------------------------------------------------
031:    @router.delete("/categories/{category_id}", response_model=dict)
032:    async def delete_category(category_id: int):
033:        return {"message": "カテゴリを削除しました", "category_id": category_id}
```

　1行目でAPIRouterをインポートし、4行目でAPIRouterのインスタンスを作成します。各エンドポイントは、9行目、16行目、23行目、31行目でこのインスタンスに特定のパスに対するリクエストハンドラ（関数）を登録しています。

　エンドポイントごとに、HTTPメソッド（GET、POST、PUT、DELETE）とURLパスが指定されています。これにより、それぞれのエンドポイントがどの操作（一覧表示、作成、更新、削除）を行うかが決まります。

　また、「response_model」として「dict」を指定しているため、各関数は辞書型のレスポンスを返します。これにより、APIの応答が標準化され、クライアント側でのデータ処理が容易になります。

　フォルダ：routers→ファイル：items.pyに**リスト7.5**のコードを記述します。

リスト7.5 ルーター（**items.py**）

```
001:    from fastapi import APIRouter
002:    from schemas.item import Item
003:
```

133

```
004:    router = APIRouter()
005:
006:    # ----------------------------------------------------
007:    # 商品一覧を表示するためのエンドポイント
008:    # ----------------------------------------------------
009:    @router.get("/items/", response_model=dict)
010:    async def read_items():
011:        return {"message": "商品一覧を表示", "items": []}
012:
013:    # ----------------------------------------------------
014:    # 商品を作成するためのエンドポイント
015:    # ----------------------------------------------------
016:    @router.post("/items/", response_model=dict)
017:    async def create_item(item: Item):
018:        return {"message": "商品を作成しました", "item": item}
019:
020:    # ----------------------------------------------------
021:    # 商品を更新するためのエンドポイント
022:    # ----------------------------------------------------
023:    @router.put("/items/{item_id}", response_model=dict)
024:    async def update_item(item_id: int, item: Item):
025:        return {"message": "商品を更新しました",
026:                "item_id": item_id, "item": item}
027:
028:    # ----------------------------------------------------
029:    # 商品を削除するためのエンドポイント
030:    # ----------------------------------------------------
031:    @router.delete("/items/{item_id}", response_model=dict)
032:    async def delete_item(item_id: int):
033:        return {"message": "商品を削除しました", "item_id": item_id}
```

コードの説明は「**リスト7.4 ルーター（categories.py）**」と同様のため、割愛します。

ファイル：main.pyを**リスト7.6**のコードに修正します。

リスト7.6 **main.py**

```
001:    from fastapi import FastAPI
002:    from routers.categories import router as category_router
003:    from routers.items import router as item_router
004:
005:    # FastAPIのインスタンス（アプリケーション）を作成
006:    app = FastAPI()
007:
008:    # カテゴリ用ルーターをアプリケーションに追加
009:    app.include_router(category_router)
010:    # 商品用ルーターをアプリケーションに追加
011:    app.include_router(item_router)
```

2行目の「from routers.categories import router as category_router」は、routersフォルダ内のcategoriesモジュールを指しています。このモジュール内で、APIRouter()を使用して作成したインスタンス、つまりカテゴリに関連するAPIエンドポイントであるrouterをインポートし、「as」を使用してcategory_routerという名前に変更しています。これにより、このファイル内でcategory_routerという名前でカテゴリ関連のルートを扱うことができます。3行目の「from routers.items import router as item_router」も同様です。

「as」はインポートしたモジュールやクラス、関数に別名を付けるためのキーワードです。これにより、名前が長かったり他の名前と衝突する場合に、より短くわかりやすい名前に変更することができます。

9行目と11行目で、メインのFastAPIアプリケーションインスタンスにinclude_routerメソッドを使用して、作成した「category_router」と「item_router」を追加します。これにより、「category_router」と「item_router」に登録されたすべてのエンドポイントがアプリケーションで利用可能になります。

実行する

フォルダ「fastapi_router」を選択し、右クリックして表示されるダイアログにて「統合ターミナルで開く」を選択し、ターミナルを表示させます。選択したプロジェクトがカレントディレクトリに指定されたターミナルで以下のコマンドを実行し、サーバーを起動します。

```
uvicorn main:app --reload
```

Swagger UIでの確認

ブラウザのアドレスバーに「http://127.0.0.1:8000/docs」を入力することで「Swagger UI」にアクセスし、各エンドポイントを確認できます（図7.6）。

図7.6　エンドポイント

「APIRouter」を利用してリファクタリングを実施しただけなので、動作についての変更はありません。

7-2-3 FastAPIクラスとAPIRouterクラスの比較

リファクタリングを通じて、FastAPIでのアプリケーション設計において、「APIRouter」クラスはとても重要な役割を果たし、大規模なアプリケーションや整理された構造を持つ API を開発する際に、その機能が光ることがわかってくれたのではないでしょうか。最後に、FastAPIクラスとAPIRouterクラスの比較をしてルーティングについての説明を終わります。

■ APIRouterについて

APIRouterは、FastAPIのアプリケーションのルーティングを、機能ごとに分割し、モジュール化するためのツールです。これにより、大規模なアプリケーションのコードを、より管理しやすく、読みやすくすることができます。

APIRouterを使用する主な利点は、アプリケーションのルーティングを複数のファイル（モジュール）に分割できることです。これにより、各機能やリソースごとに独立したルーティングロジックを持つことができ、include_router()メソッドを使用して、それぞれをメインのFastAPIアプリケーションに組み込むことができます。

■ FastAPIクラスとAPIRouterクラスの比較

表7.2にFastAPIクラスとAPIRouterクラスの比較を掲載します。

表7.2 FastAPIクラスとAPIRouterクラスの違い

特徴	FastAPIクラスでのルーティング	APIRouterクラスでのルーティング
向いているアプリケーションの規模	小規模アプリ、シンプルなAPI	大規模アプリや整理された構造のAPI開発
ルーティングの管理方法	アプリ全体のルーティングを一箇所で管理	複数のモジュールに分割して管理
主な利点	シンプルで迅速な開発が可能	機能ごとのモジュール化による柔軟性と拡張性
モジュールの組み込み方法	該当なし	include_router()でモジュールを読み込む

APIRouterを使用することで、アプリケーションの機能を明確に区分けし、それぞれの部分が独立しているため、開発とメンテナンスがしやすくなります。また、チームでの開発においても、各メンバーが特定の機能に集中して作業できるため、効率的な開発が可能になります。

第 **8** 章

ORM の利用

8-1 ORMとは？

8-2 SQLAlchemyを使用したアプリケーションの作成

Section 8-1 ORMとは？

現在のプログラム開発では、DBとのアクセス処理には「O/Rマッパー」というフレームワークを使用することが一般的です。Pythonでは、「ORM（Object Relational Mapper）」と呼ばれます。本文では「ORM」について簡単に説明してから、PythonのORMの1つである「SQLAlchemy」を使用してプログラムを作成する方法を説明します。

8-1-1　ORMの概要

「ORM」とは、アプリケーションで扱う「O：オブジェクト」と「R：リレーショナルデータベース」とのデータをマッピングするものです。より詳しく説明すると、「ORM」はあらかじめ設定された「O：オブジェクト」と「R：リレーショナルデータベース」との対応関係情報に基づき、インスタンスのデータを対応するテーブルに書き出したり、データベースから値を読み込んでインスタンスに代入したりする操作を自動的に行います（図8.1）。

図8.1　ORMのイメージ

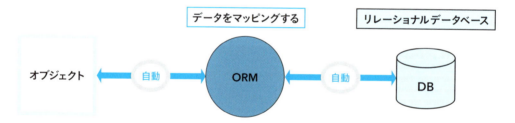

8-1-2　SQLAlchemyとは？

「SQLAlchemy（エスキューエルアルケミー）」とはPythonでよく利用される「ORM」です（図8.2）。「SQLAlchemy」を使用するメリットには以下のようなものがあります。

○ SQLの記述が不要

SQLAlchemyを使用すると、Pythonのオブジェクト操作だけでデータベースを扱えます。そのため、複雑なSQLコマンドを直接記述する必要がなく、プログラミングでデータベースを直感的かつ簡単に扱うことができます。これは、データベースやSQLの知識が少ない人でもコードが書きやすくなるという利点です。

ORMのクロスプラットフォーム性

ORM（オブジェクトリレーショナルマッピング）を利用することで、異なるデータベースシステム間での移植性が向上します。これにより、同一のコードを異なるデータベースで使用することが可能になり、開発の効率が大幅に向上します。

セッション管理

SQLAlchemyはセッション管理を行うことができ、データベースへの接続やトランザクションの管理を自動化します。これにより、トランザクションが適切に管理され、データの整合性が保たれるため、安全にデータベース操作が行えます。

非同期処理のサポート

SQLAlchemy 1.4以降では、非同期処理がサポートされており、データベース操作の速度が向上しました。これにより、アプリケーション全体のパフォーマンスが改善され、ユーザー体験が向上します。

図8.2　SQLAlchemyのイメージ

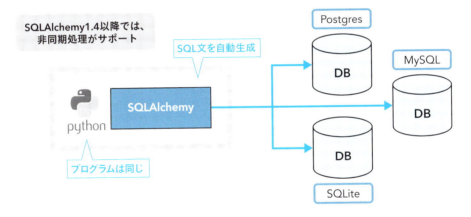

■ インストール

仮想環境：fastapi_envに、pipコマンドを実行し「SQLAlchemy」をインストールします（図8.3）。

```
pip install sqlalchemy
```

図8.3　SQLAlchemyのインストール

```
(fastapi_env) C:\work_fastapi>pip install sqlalchemy
Collecting sqlalchemy
  Downloading SQLAlchemy-2.0.29-cp312-cp312-win_amd64.whl.metadata (9.8 kB)
```

8-1-3 SQLiteの使用方法

「SQLite（エスキューライト）」は、データを「ファイル」として保存する軽量な「リレーショナルデータベース」管理システムです（図8.4）。このシステムは「データベースサーバー」をインストールする必要がなく、データベースを直接ファイルとして扱うことができます。そのため、データベースの管理や設定が容易であり、データベースの学習に適しています。またSQLiteは、多くのプログラミング言語から利用できます。例えばPythonでSQLiteを使用するには「sqlite3」モジュールを使用します。sqlite3はPython標準ライブラリに含まれているため、別途インストールする必要はありません。

◻ SQLite拡張機能を追加

VSCodeでSQLiteを便利に使用する「SQLite Viewer」拡張機能を追加します。SQLite Viewerは拡張子が「sqlite」で作成されたDBファイルをグラフィカルに参照できる拡張機能です。

VSCode画面の「拡張機能」ボタンをクリックし、「拡張機能」の検索バーに「sqlite」と入力します。「SQLite Viewer」を選択し、「インストール」ボタンをクリックし拡張機能を追加します（図8.4）。

図8.4 SQLite Viewer

◻ aiosqliteとは？

「aiosqlite」は、SQLiteデータベースを非同期IO（入出力操作を待つ間、他のタスクを同時に進めることができる技術）で利用するためのライブラリです。これにより、データベース操作中にプログラムが停止することなく、他の操作を行うことができます。

仮想環境：fastapi_envに、pipコマンドを実行し「aiosqlite」をインストールします（図8.5）。

```
pip install aiosqlite
```

図8.5 aiosqliteのインストール

```
(fastapi_env) C:\work_fastapi>pip install aiosqlite
Collecting aiosqlite
  Using cached aiosqlite-0.20.0-py3-none-any.whl.metadata (4.3 kB)
```

Section 8-2 SQLAlchemyを使用したアプリケーションの作成

「SQLite」や「SQLAlchemy」を使用する準備ができました。ORMで非同期処理を実行するアプリケーションを作成し、非同期処理の使用方法を理解しましょう。

8-2-1 プロジェクトの作成

プロジェクトフォルダとファイルの作成

「1-4-3 ハンズオン環境の作成」で作成した「C:¥work_fastapi」ディレクトリに、今回作成するプログラム用のプロジェクトフォルダを作成します。

VSCode画面にて「新しいフォルダを作る」アイコンをクリックし、フォルダ「async_sqlalchemy」を作成し、作成したフォルダを選択後「新しいファイルを作る」アイコンをクリックし、ファイル「main.py」を作成します（図8.6）。

図8.6　フォルダとファイルの作成

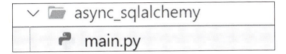

コードを書く

作成した「main.py」にリスト8.1〜リスト8.10のコードを記述します。

ORMの使用方法をはじめて説明するため、コードを分割して「step by step（ステップバイステップ）」を意識しながら、小さなステップに分けて説明していきます。

○ モジュールの設定

リスト8.1で1〜5行目は、SQLAlchemyを使用して非同期的にデータベースにアクセスするための基本的なモジュールを設定しています。

リスト8.1 main.py①

```
001:  import os
002:  from sqlalchemy.ext.asyncio import create_async_engine, AsyncSession
003:  from sqlalchemy.ext.declarative import declarative_base
004:  from sqlalchemy.orm import sessionmaker
005:  from sqlalchemy import Column, Integer, String, select
006:
```

それぞれの行がどのような役割を果たしているかを**表8.1**に示します。

表8.1 モジュールの詳細

行番号	import対象	役割と説明
1	os	import os はPythonプログラムで、オペレーティングシステム（OS）レベルの機能にアクセスするための標準ライブラリ os をインポートする命令です。このライブラリを使用することで、ファイルやディレクトリの操作、パスの管理、環境変数の取得や設定など、システム依存の多くの便利な機能を利用できます
2	create_async_engine	非同期エンジンを作成するための関数です。このエンジンを通じてデータベースに接続し、非同期でSQLクエリを実行します
2	AsyncSession	非同期でデータベースセッションを管理するためのクラスです。このクラスを使うことで、非同期処理が可能になり、データベースとのやりとりを効率的に行えます
3	declarative_base	データベースのテーブルと相互作用するクラスを定義するための基底クラスを生成する関数です。この基底クラスを継承して、具体的なデータモデル（テーブルのスキーマに対応するクラス）を定義します
4	sessionmaker	セッションファクトリを生成する関数です。このファクトリを使用して、データベースセッションのインスタンスを作成します。セッションを通じてデータベースとのトランザクションを管理します
5	Column	データベースの列（カラム）を定義するために使用します
5	Integer, String	列（カラム）のデータ型を指定します。Integerは整数型、Stringは文字列型です
5	select	データベースからデータを取得するためのSELECTクエリを作成するために使用します

○ ベースクラスの定義

リスト8.2はベースクラスの定義を行っています。

リスト8.2 main.py②

```
007:  # ベースクラスの定義
008:  Base = declarative_base()
009:
```

8行目「Base = declarative_base()」について以下に説明します。

これはSQLAlchemyでデータベースのテーブルと相互作用するためのPythonクラスを定義する際に使用される基底クラス（ベースクラス）を作成しています。このベースクラスは、ORMの一部として機能し、Pythonクラスをデータベースのテーブルにマッピングするのに使用します。

簡単に説明すると、declarative_base()関数は、クラス定義を通じてデータベースのスキーマ（構造）を表すためのクラスを作成します。この基底クラスを継承して作成される各クラスは、データベースのテーブルの構造と対応することになり、それぞれのクラスのインスタンス（オブジェクト）はテーブルの行（レコード）を表します。

○ DBファイル／非同期エンジンの作成

リスト8.3はDBファイルと非同期エンジンの作成部分になります。

リスト8.3 main.py③

```
010:  # DBファイル作成
011:  base_dir = os.path.dirname(__file__)
012:  # データベースのURL
013:  DATABASE_URL = 'sqlite+aiosqlite:///' + os.path.join(base_dir, 'example.sqlite')
014:
015:  # 非同期エンジンの作成
016:  engine = create_async_engine(DATABASE_URL, echo=True)
017:
```

11行目「base_dir = os.path.dirname(__file__)」では、実行ファイルmain.pyのあるフォルダの場所を取得します。

13行目「DATABASE_URL = 'sqlite+aiosqlite:///' + os.path.join(base_dir, 'example.sqlite')」について**表8.2**に説明します。

表8.2 データベースのURL詳細

行番号	項目	役割と説明
13	sqlite+aiosqlite	データベースの接続に使われるドライバーを指定します。ここでsqliteはSQLiteデータベースを示し、+aiosqliteは非同期IOをサポートするためにaiosqliteライブラリを使用することを意味します
	:///	ローカルファイルシステム上のデータベースファイルへのパスを指示します。3つのスラッシュは絶対パスを表し、これに続く部分がファイル名です
	os.path. join(base_dir, 'example.sqlite')	実行ファイルmain.pyのあるフォルダに「example.sqlite」という名前でデータベースファイルを作成します。このファイルがアプリケーションのデータを保存するSQLiteデータベース本体になります

16行目「engine = create_async_engine(DATABASE_URL, echo=True)」について以下に説明します。これはSQLAlchemyの非同期エンジンを設定するコードです。このエンジンは、Python

の非同期プログラミングとデータベース間のやり取りを管理します（**表8.3**）。

表8.3

行番号	項目	役割と説明
16	DATABASE_URL	データベースへの接続情報を含むURL文字列が設定されています。ここでは、SQLiteデータベースを非同期ライブラリ「aiosqlite」を使用して接続する設定になっています
	echo=True	このオプションが有効になっていると、実行されるSQL文がコンソールに出力されます。これにより、開発中にどのようなSQLがデータベースに対して実行されているかを確認することができ、デバッグが容易になります

○ **非同期セッションの設定**

リスト**8.4**で非同期セッションの設定を行っています。

リスト8.4　main.py ④

```
018:    # 非同期セッションの設定
019:    async_session = sessionmaker(
020:        engine,
021:        expire_on_commit=False,
022:        class_=AsyncSession
023:    )
024:
```

19〜23行目「非同期セッションの設定」について**表8.4**に説明します。

SQLAlchemyで非同期セッションを設定するためのコードです。sessionmaker は SQLAlchemy で使用される関数で、データベースとのセッションを作成し管理するためのファクトリを設定します。ファクトリとは、特定の種類のオブジェクトを生成するための専用の関数やクラスを指します。

表8.4　非同期セッションの設定詳細

行番号	項目	役割と説明
20	engine	16行目で作成したデータベースとの接続を管理するエンジンです。
21	expire_on_commit=False	この設定により、コミット後にセッション内のオブジェクトが自動的に「期限切れ」にならないようになります。つまり、コミット後もセッション内のデータを引き続き利用できます
22	class_=AsyncSession	非同期対応のセッションクラス AsyncSession を使用することを指定しています。これにより、セッションの操作（クエリの実行など）を非同期で行うことが可能になります

8-2 SQLAlchemyを使用したアプリケーションの作成

Column | 「期限切れ」とは？

「期限切れ」というのは、データベースのデータが変更された後、プログラムの中のデータが古くなることを指します。例えば、データベースで何かが更新されたけれども、プログラムはまだ古い情報を保持している状態です。SQLAlchemyでは、データが「期限切れ」になると、次にそのデータにアクセスする時に、自動的に最新の情報に更新します。これにより、いつも正確なデータが使えるようになりますが、この更新の過程で追加のデータベースアクセスが必要になるため処理が少し遅くなることがあります。そのため、データ更新が頻繁にない場合は、この自動更新機能をオフにすることで、プログラムの速度を向上させることができるため「expire_on_commit=False」に設定しています。

○ モデルの定義

リスト8.5ではモデルの定義としてUserクラスを定義しています。

リスト8.5 main.py⑤

```
025:  # モデルの定義
026:  class User(Base):
027:      __tablename__ = 'users'
028:      id = Column(Integer, primary_key=True, autoincrement=True)
029:      name = Column(String)
030:
```

26〜29行目「Userクラス」について**表8.5**、**表8.6**に説明します。

Userクラスが Baseクラスを継承しています。Userクラスはデータベース内のusersテーブルにマッピングされ、Userクラスの属性（例：id, nameなど）はテーブルのカラムに対応します。

Userクラスは、データベースのusersテーブルをPythonコード内で操作するための「モデル」として定義されています。

表8.5 Userクラス詳細①

行番号	テーブル名の指定	役割と説明
27	__tablename__ = 'users'	この設定は、クラスがデータベース内でどの「テーブル」にマッピングされるかを示しています。ここではusersテーブルと明示されているため、このクラスのオブジェクトはusersテーブルのレコードとして扱われます

8

▼ ORMの利用

145

表8.5 User クラス詳細②

行番号	カラムの定義	役割と説明
28	id = Column(Integer, primary_key=True, autoincrement=True)	id列のデータ型は「整数型」であり、「primary_key=True」によって「主キー制約」が設定されています。また、「autoincrement=True」によって、新しい行がテーブルへ追加されるたびにid列の値が自動的に「インクリメント」されます
29	name = Column(String)	users テーブルの name カラムを表し、文字列型で定義されています。これにより、ユーザーの名前を保存できます

　表8.6に一般的な列の型を、表8.7に設定できる制約の一例を示します。他にも多くの型があります。また「SQLAlchemy」は、データベース固有の列の型を定義するための機能も提供しています。列の型について、もっと詳細に知りたい場合は公式ドキュメントを参照してください。

URL：https://docs.sqlalchemy.org/en/20/core/type_basics.html#generic-types

表8.6 SQLAlchemy の列の種類

名前	説明
Integer	整数型
Float	浮動小数点型
String	文字列：長さを指定することができる
Text	長い文字列
Boolean	真偽値
Date	日付：年、月、日
DateTime	日付と時間：年、月、日、時間、分、秒、およびマイクロ秒

表8.7 SQLAlchemy の列の制約

名前		説明
primary_key	主キー制約	一意の値を識別するためのカラムを定義するには「primary_key=True」とします。複合主キー制約：対象の複数列に「primary_key=True」を設定します
unique	ユニーク制約	重複する値を持たせないためのカラムを定義するには「unique=True」とします。主キーとは異なり、NULL値を含めることができます
nullable	NULL許容制約	NULL値を許容するかどうかを定義します。許可しない場合は「nullable=False」とします
default	デフォルト値制約	新しい行が挿入されたときにカラムに設定されるデフォルト値を定義するには「default=値」とします
index	インデックス制約	カラムに対してインデックスを作成するには「index=True」とします。インデックスを利用することでデータベースのパフォーマンスを向上させ、検索の処理速度を高速化することができます。インデックスをイメージすると「本の目次」のようなものです

Column｜モデルとは？

モデルとは、プログラム内でデータ構造を表現するためのコードのことを指します。特にデータベースを使用するアプリケーションでは、モデルはデータベースのテーブルの構造を反映したクラスとして定義されます。これにより、データベース内のデータをオブジェクトとして扱うことができ、データベースとプログラム間のやりとりが容易になります。

つまり、データベース操作がより直感的に行えるようになり、コードの再利用性が向上します。また、モデルを通じてデータにアクセスすることで、データの整合性を保ちやすくなり、セキュリティの向上にもつながります。プログラム内で定義されたモデルは、実際のデータベースのテーブルにマッピングされ、そのフィールド（属性）はテーブルのカラムに対応します。ORM（SQLAlchemy）について、マインドマップでまとめたものを示します（図8.A）。

図8.A　マインドマップ（ORM関連図）

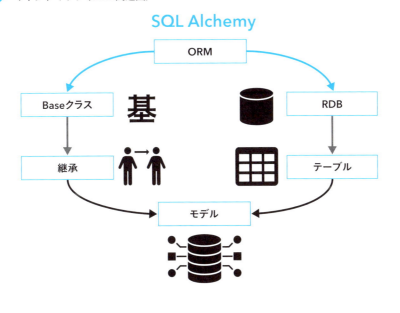

○ データベースの初期化

リスト8.6はデータベースを初期化するための非同期関数です

リスト8.6 main.py ⑥

```
031:    # データベースの初期化
032:    async def init_db():
033:        print("データベースの初期化を開始します。")
034:        async with engine.begin() as conn:
035:            # 既存のテーブルを削除
036:            await conn.run_sync(Base.metadata.drop_all)
037:            print("既存のテーブルを削除しました。")
038:            # テーブルを作成
039:            await conn.run_sync(Base.metadata.create_all)
040:            print("新しいテーブルを作成しました。")
041:
```

32～40行目「データベースの初期化」について**表8.8**に説明します。

34行目「async with」ステートメントを使用することで、トランザクションが正しく開始されたことを保証し、トランザクション内で行われる処理が完了すると自動的にトランザクションをコミット（確定）します。もし処理中にエラーが発生した場合は、トランザクションをロールバック（取り消し）して、エラー発生前の状態に戻します。「非同期処理：async」を使用しているため、データベースの操作が非同期で行われます。これにより、データベースの処理を待っている間に他のタスクを同時に進行させることができ、アプリケーションのパフォーマンスが向上します。

36行目の「await conn.run_sync(Base.metadata.drop_all)」は、データベースのテーブルを非同期的に削除する処理です。

表8.8 データベースの初期化詳細

行番号	項目	役割と説明
34	engine.begin()	「engine.begin()」を使用することでデータベースへのトランザクションを開始します。このブロック内で行われるデータベース操作は、ブロック終了時に自動的にコミット（確定）されます
36	await	このキーワードは、非同期関数の実行を待つために使用されます。ここでは、テーブルの削除が完了するまでコードの実行を待機します
	conn.run_sync	connはデータベースへの接続を表し、「run_sync」は同期的に実行される通常の関数を非同期イベントループ内で安全に実行するためのメソッドです。これにより、非同期のコンテキスト内で同期的な操作が可能になります
	Base.metadata.drop_all	BaseはSQLAlchemyで定義されたモデルの基底クラスで、「metadata」はデータベースのスキーマ（構造）に関する情報を持っています。「drop_all」メソッドは、このメタデータに基づいてデータベース内の全てのテーブルを削除します

○ ユーザー追加関数

リスト**8.7**はユーザー追加関数になります。

8-2 SQLAlchemyを使用したアプリケーションの作成

> **リスト8.7** main.py ⑦

```
042:   # ユーザー追加関数
043:   async def add_user(name):
044:       print(f"{name} をデータベースに追加します。")
045:       async with async_session() as session:
046:           async with session.begin():
047:               user = User(name=name)
048:               session.add(user)
049:               print(f"{name} をデータベースに追加しました。")
050:
```

43～49行目「ユーザー追加関数」について以下に説明します。新しいユーザーをデータベースに追加するための非同期関数です。ここで使われている重要部分について**表8.9**に説明します。

Column │ DB接続を「コネクション」と「セッション」に分ける理由

データベースのテーブルをドロップするときに「コネクション」を使い、データの追加には「セッション」を使用する理由は、それぞれの操作の特性に基づいています。それぞれの使用例について以下に示します。

◎ テーブルをドロップする場合（コネクションの利用）

テーブルをドロップする操作は、データベースの構造を変更するDDL（Data Definition Language）操作に分類されます。これは通常、単発の大きな変更であり、セッションを介して複数の小さな変更をまとめて管理する必要がありません。直接コネクションを使用して操作を行うことで、操作を迅速かつ直接的にデータベースに適用することができます。

◎ データの追加時（セッションの利用）

データの追加や更新はDML（Data Manipulation Language）操作に分類され、通常、アプリケーションの実行中に頻繁に発生します。「セッション」を使用すると、これらの操作を1つの作業単位として扱うことができ、必要に応じてその全体をコミット（確定）またはロールバック（取消）できるようになります。この方法により、複数のデータ操作を効率的に管理し、エラーが発生した場合に簡単に元に戻すことができます。

8

▼ ORMの利用

149

表8.9 ユーザー追加関数詳細

行番号	項目	役割と説明
45	async with async_session() as session	async_session()は非同期セッションを生成します。このセッションはデータベースとの通信を管理します
46	async with session.begin()	このブロック内で行われる変更は1つのトランザクションとして扱われます。すべての操作が成功すればコミットされ、何か問題があればロールバックされます
47	user = User(name=name)	Userクラスのインスタンスを作成し、引数で受け取ったnameを使用してユーザーオブジェクトを作成します
48	session.add(user)	作成したユーザーオブジェクトをセッションに追加します。これにより、データベースにユーザーが保存されます

○ ユーザー取得関数

リスト8.8はユーザー取得関数になります。

リスト8.8 main.py⑧

```
051:  # ユーザー取得関数
052:  async def get_users():
053:      print("データベースからユーザーを取得します。")
054:      async with async_session() as session:
055:          result = await session.execute(select(User))
056:          users = result.scalars().all()
057:          print("ユーザーの取得が完了しました。")
058:          return users
059:
```

52～58行目「ユーザー取得関数」について以下に説明します。データベースからユーザー情報を取得するための非同期関数です。ここで使われている重要部分について**表8.10**に示します。

表8.10 ユーザー取得関数詳細

行番号	項目	役割と説明
54	async with async_session() as session	async_session()は非同期セッションを生成します。このセッションはデータベースとの通信を管理します
55	result = await session.execute(select(User))	SQLのSELECT文を実行し、Userモデルを使用して全ユーザーの情報を取得します。取得した結果は変数resultに代入されます。awaitを使うことで、この操作が完了するまで他の処理は待機状態になります。これは「他の全ての処理が待機状態になる」という意味ではなく、特定の非同期タスクが完了するまで待つという意味で、その他の非同期タスクは並行して実行されます
56	users = result.scalars().all()	取得した結果resultから「scalars().all()」を用いて、取得したデータを「リスト形式」で取り出し、変数usersに格納します。これにより、操作後のデータを簡単に扱うことができます
58	return users	Userテーブルの全ユーザー情報をリスト形式で返します

8-2 SQLAlchemyを使用したアプリケーションの作成

○ メイン関数

リスト8.9はメイン関数になります。

リスト8.9 main.py ⑨

```
060:  # メイン関数
061:  async def main():
062:      await init_db()
063:      await add_user("中邑")
064:      await add_user("岡田")
065:      users = await get_users()
066:      for user in users:
067:          print(f"{user.id}: {user.name}")
068:
```

61～67行目「メイン関数」について**表8.11**で説明します。main()関数は、データベースの初期化とユーザーの追加、そして追加されたユーザーの情報を取得して表示する一連の操作を非同期的に行うための関数です。

表8.11 メイン関数詳細

行番号	項目	役割と説明
62	await init_db()	データベースを初期化します。存在するテーブルを削除し、新しいテーブルを作成します
63、64	await add_user("中邑")／ await add_user("岡田")	"中邑"と"岡田"という名前のユーザーをデータベースに追加します。これらの関数は非同期的に実行され、ユーザーの情報がデータベースに保存されます
65	users = await get_users()	データベースから全ユーザーの情報を取得します。この関数は、保存されたすべてのユーザー情報をリストとして返します
66、67	for user in users: print(f"{user.id}: {user.name}")	取得したユーザーのリストをループして、それぞれのユーザーのIDと名前を表示します

○ 非同期処理

リスト8.10に示すコードは非同期関数main()を実行するために使用されます。

リスト8.10 main.py ⑩

```
069:  # 非同期処理の実行
070:  import asyncio
071:  asyncio.run(main())
072:
```

151

70行目「import asyncio」について説明します。

Pythonでは、非同期処理を行うために「asyncio」モジュールを使用します。非同期処理は、特定のタスクが完了するのを待つ間、他のタスクを並行して実行するための方法です。

71行目「asyncio.run(main())」について**表8.12**で詳しく説明します。

表8.12 asyncio.run(main())の流れ

ステップ	概要	詳細
1	イベントループの作成	asyncio.run()は内部的に新しいイベントループを作成します。イベントループは、非同期タスクをスケジュールし、実行するための方法です。イベントループが動いている間は、他のタスクも並行して実行されます
2	イベントループの開始	作成したイベントループを開始し、main()関数を実行します。main()関数は非同期関数であり、内部でawaitキーワードを使って他の非同期関数（init_db()、add_user()、get_users()）を呼び出します
3	タスクの実行	イベントループは、main()関数の中で定義されたすべての非同期タスクを実行し、それらが完了するまで待機します。この間、他のタスクも並行して処理されます
4	イベントループの停止とクリーンアップ	すべてのタスクが完了すると、asyncio.run()はイベントループを停止し、リソースをクリーンアップします。これにより、イベントループが不要な状態になり、プログラムが正常に終了します

8-2-2 動作確認の実施

☐ 実行する

フォルダ：async_sqlalchemy→ファイル：main.pyを選択し、右クリックから「ターミナルでPythonファイルを実行する」をクリックします。

データベースの初期化が行われ、データが追加され、一覧を取得処理がターミナル上で確認できます。またプログラム実行により「SQLAlchemy」経由で、SQLiteデータベースファイルが作成されます。

図8.8 ターミナル表示

```
2024-06-11 14:16:19,023 INFO sqlalchemy.engine.Engine [no key 0.00010s] ()
新しいテーブルを作成しました。
2024-06-11 14:16:19,030 INFO sqlalchemy.engine.Engine COMMIT
中邑 をデータベースに追加します。
中邑 をデータベースに追加しました。
2024-06-11 14:16:19,034 INFO sqlalchemy.engine.Engine BEGIN (implicit)
2024-06-11 14:16:19,038 INFO sqlalchemy.engine.Engine INSERT INTO users (name) VALUES (?)
2024-06-11 14:16:19,038 INFO sqlalchemy.engine.Engine [generated in 0.00009s] ('中邑',)
2024-06-11 14:16:19,041 INFO sqlalchemy.engine.Engine COMMIT
岡田 をデータベースに追加します。
岡田 をデータベースに追加しました。
2024-06-11 14:16:19,049 INFO sqlalchemy.engine.Engine BEGIN (implicit)
2024-06-11 14:16:19,050 INFO sqlalchemy.engine.Engine INSERT INTO users (name) VALUES (?)
2024-06-11 14:16:19,051 INFO sqlalchemy.engine.Engine [cached since 0.01294s ago] ('岡田',)
2024-06-11 14:16:19,053 INFO sqlalchemy.engine.Engine COMMIT
データベースからユーザーを取得します。
2024-06-11 14:16:19,062 INFO sqlalchemy.engine.Engine BEGIN (implicit)
2024-06-11 14:16:19,062 INFO sqlalchemy.engine.Engine SELECT users.id, users.name
FROM users
2024-06-11 14:16:19,062 INFO sqlalchemy.engine.Engine [generated in 0.00031s] ()
ユーザーの取得が完了しました。
2024-06-11 14:16:19,062 INFO sqlalchemy.engine.Engine ROLLBACK
1: 中邑
2: 岡田
```

図8.9 SQLiteデータベースファイル

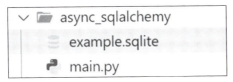

作成されたファイル：example.sqliteをクリックすると、拡張機能により作成されたSQLiteデータベースファイルの内容を参照することができます。

図8.10 example.sqlite

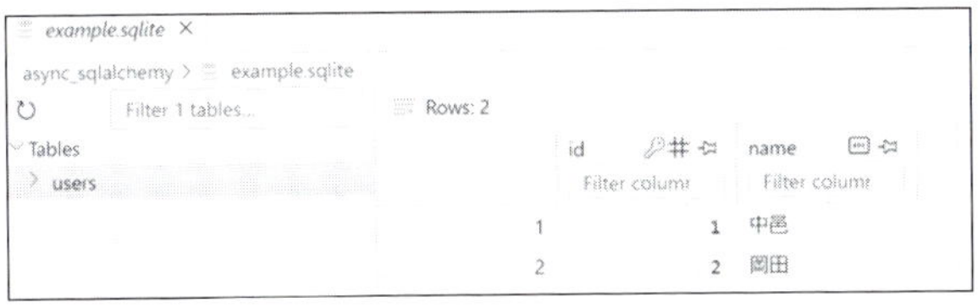

まとめ

再度の説明になりますが、非同期処理と同期処理の主な違いは、プログラムがタスクをどのように実行するか、特に他のタスクをブロックするかどうかにあります。

- 同期処理
  同期処理では、タスクが順番に実行されます。1つのタスクが完了するまで次のタスクは開始されません。このため、1つの重いタスクが完了するまでプログラム全体が待機することになり、全体の効率が下がる可能性があります。

- 非同期処理
  非同期処理では、タスクが開始された後、その完了を待たずに次のタスクに移ることができます。awaitを使用すると、非同期関数（タスク）の完了を待つことになりますが、その間に他の非同期タスクを処理することができるので、リソースを有効活用できます。

これにより、1つのタスクが背後で実行されている間に、他のタスクが並行して実行されることが可能になり、アプリケーションの反応性や全体のパフォーマンスが向上します。簡単に言うと、「同期処理」ではタスクが1つずつ順番に実行され、タスクが終わるまで次に進めません。一方、「非同期処理」では、複数のタスクがほぼ同時に進行し、1つのタスクが完了するのを待っている間に他のタスクを実行できます。これにより、アプリケーションがより効率的に動作し、ユーザー体験が向上します。

図8.11 同期処理と非同期処理（テキストベース）

同期処理
1. タスクAを開始
2. タスクAが完了するまで待つ
3. タスクBを開始
4. タスクBが完了するまで待つ
5. タスクCを開始
6. タスクCが完了するまで待つ
7. 全てのタスクが完了

非同期処理
1. asyncで非同期タスクAの関数を定義
2. タスクAを'await'で開始 （タスクAの完了を待ちつつ他の処理を進行）
3. asyncで非同期タスクBの関数を定義
4. タスクBを'await'で開始 （タスクBの完了を待ちつつ他の処理を進行）
5. asyncで非同期タスクCの関数を定義
6. タスクCを'await'で開始 （タスクCの完了を待ちつつ他の処理を進行）
7. タスクA,B,Cが非同期で完了 （完了の順番は非同期の実行状況に依存）
8. 全てのタスクが完了

Column | 生成AIを使用した学習方法のおすすめ

個人的におすすめする方法を以下に3点示します。

No	項目	内容
1	調査の効率化	生成AIは、質問に対して即座に答えを提供したり、関連する情報を簡単に検索できるため、調べものが非常に効率的になります。これにより、必要な情報をすぐに見つけて学習に役立てることができます。
2	エラー対応のサポート	コーディング中にエラーが発生した場合、生成AIはエラーメッセージを解析し、修正方法や対策を提供してくれます。これにより、エラー対応がスムーズに行え、学習の中断を最小限に抑えることができます。
3	ソースコードにコメントを付与	生成AIは、ソースコードに対してわかりやすいコメントを自動で追加することができます。これにより、コードの動作を理解しやすくなり、学習がより効果的に進みます。

● 注意事項

生成AIが提供する情報や提案は、常に正しいとは限りません。AIが生成する回答には誤りが含まれている場合もあるため、信頼性のある情報源を併せて確認し、AIの出力結果をそのまま使わないよう注意が必要です。

第 **9** 章

DIの利用

DIとは？

DIを使用したアプリケーションの作成

DI（依存性の注入）の深堀

Section 9-1 DIとは？

DI（依存性注入：Dependency Injection）は、プログラムの部品（クラスや関数など）が他の部品との関係を外部から設定されることにより、それぞれが独立して開発やテストを行えるようにする設計手法です。

9-1-1 DIのイメージ

DIはプログラムの各部分が「自分」で必要なものを作るのではなく、「外部」から提供されることにより、部品間の「依存関係」を減らし、コードの再利用性や管理のしやすさを向上させようという考え方です。

現実世界で例えると、レストランで「シェフ」が料理を作るときに必要な「材料」を「スタッフ」が準備しておくようなものです。上記の準備により「シェフ」は「材料」がどこから来たかを気にせず、用意されたものを使用して料理を作ることができます。

図9.1 DIのイメージ

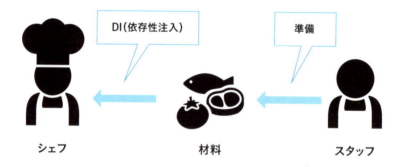

9-1-2 FastAPIでのDI

FastAPIは、「DI：依存性注入」の概念を組み込んでいます。これにより開発者はより簡単に再利用可能なコンポーネントやサービスを組み込むことができます。この機能は「Depends」というライブラリを通じて実装されています。

例えば、FastAPIを使用してアプリケーションを作成する際、ユーザー認証やデータベースのセッション管理など、複数のルーティングで必要になる可能性のある処理を「独立した関数」として定義し、これらの関数を他のAPIエンドポイントから簡単に再利用することができます。

「Depends」を使用することで、これらの関数を特定のエンドポイントに「注入」することができ、それぞれのエンドポイントで必要となる依存オブジェクトやデータを提供することが可能です。

これにより、各エンドポイントは独立して動作し、テストが容易になり、コードの重複を避けることができます。DIの導入は、FastAPIアプリケーションの柔軟性と保守性を向上させる重要な要素です。

FastAPIでのDI（依存性注入：Dependency Injection）のフローを以下に示します。個人的には、依存性注入を表現するならば、「依存オブジェクトの挿入」と表現した方がわかりやすいと思います。

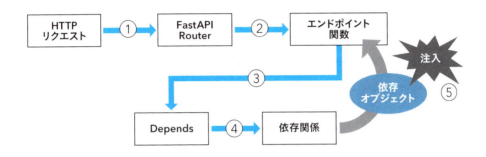

順番	項目	処理内容
①	HTTPリクエスト	クライアント（例えば、ブラウザや他のサービス）からFastAPIアプリケーションに向けて送信されるリクエストです。このリクエストには、データの取得、送信、更新、削除などの操作が含まれます
②	FastAPI Router	FastAPIはリクエストを受け取ると、URLパスとHTTPメソッドに基づいてどのエンドポイント関数（リクエストを処理する関数）に処理を委ねるかを決定します。この振り分けを行うのがRouterです
③	Depends	Routerがエンドポイント関数にリクエストを渡す前に、必要な依存関係を解決します。Dependsは、この依存関係を指定するために使われる機能です
④	依存関数	依存関数は、エンドポイント関数が必要とするデータや設定を準備するための関数です。この関数は、Dependsで指定され、実際のエンドポイント関数が実行される前に呼び出されます
⑤	依存オブジェクトの注入	依存関数で準備された依存オブジェクトがエンドポイント関数に注入されます。これにより、エンドポイント関数は必要なデータや設定を利用して、リクエストの処理を実行します

DI（依存性注入：Dependency Injection）についてイメージできましたでしょうか？

Section

9-2 DIを使用したアプリケーションの作成

DI（依存性注入：Dependency Injection）についてイメージできたら、次は「FastAPI」の「Depends」を使用してアプリケーションを作成し、DIの使用方法を理解しましょう。

9-2-1 プロジェクトの作成

☐ プロジェクトフォルダとファイルの作成

「1-4-3 ハンズオン環境の作成」で作成した「C:¥work_fastapi」ディレクトリに、今回作成するプログラム用のプロジェクトフォルダを作成します。

VSCode画面にて「新しいフォルダを作る」アイコンをクリックし、フォルダ「fast_api_di」を作成し、作成したフォルダを選択後「新しいファイルを作る」アイコンをクリックし、ファイル「main.py」を作成します。

☐ コードを書く

作成した「main.py」に**リスト9.1**のコードを記述します。

リスト9.1 main.py

```
001:  from fastapi import FastAPI, Depends
002:  from pydantic import BaseModel
003:
004:  app = FastAPI()
005:
006:  # ユーザーモデルの定義
007:  class User(BaseModel):
008:      # 名前
009:      username: str
010:      # 状態
011:      is_active: bool = True
012:
013:  # ユーザーデータのリスト
014:  users = [
015:      User(username="太郎", is_active=True),
```

158

```
016:        User(username="次郎", is_active=False),
017:        User(username="花子", is_active=True)
018:    ]
019:
020:    # アクティブなユーザーをフィルタリングする依存関係
021:    def get_active_users():
022:        # アクティブなユーザーだけをフィルタリング
023:        active_users = [user for user in users if user.is_active]
024:        print('=== アクティブなユーザーを取得 ===')
025:        return active_users
026:
027:    # ルート操作で依存関係を使用
028:    @app.get("/active")
029:    async def list_active_users(active_users: list[User] = Depends(get_active_users)):
030:        print('=== 【依存】してデータを取得 ===')
031:        return active_users
```

このソースコードでは、アクティブなユーザーだけをリストアップするAPIが作成されています。重要点は、「Depends」を使用している部分です。再度の説明になりますが「Depends」はFastAPIにおける「依存性注入（Dependency Injection）」の機能を提供します。DIを利用することで特定のロジック（コンポーネントやサービス）を組み込めます。つまり「Depends」を用いることで、依存関係を解決し、その結果をエンドポイントのパラメータとして注入することができるのです。

21～25行目「get_active_users」関数は、リストusersからis_activeプロパティがTrueであるユーザーだけを選択して返します。この関数は単独で1つの機能として成立しており、他の場所で再利用可能です。つまり「アクティブなユーザーをフィルタリングする依存関係」になります。

28～31行目「/active」エンドポイントで、引数に「Depends(get_active_users)」と設定し、依存関係を注入しています。FastAPIはリクエストを受けた時に、まず「get_active_users」関数を実行し、その戻り値を「active_users」パラメータに渡します。

図9.2　「get_active_users」関数

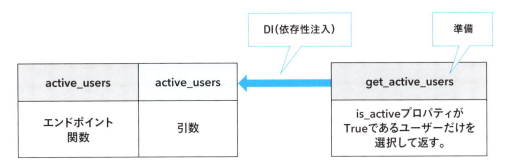

9-2-2 動作確認の実施

☐ 実行する

フォルダ「fast_api_di」を選択し、右クリックして表示されるダイアログにて「統合ターミナルで開く」を選択し、ターミナルを表示させます。選択したプロジェクトがカレントディレクトリに指定されたターミナルで以下のコマンドを実行します。

```
uvicorn main:app --reload
```

☐ Swagger UIでの確認

ブラウザのアドレスバーに「http://127.0.0.1:8000/docs」を入力することで「Swagger UI」にアクセスし、各エンドポイントを確認できます。「Try it out」をクリック後、「Execute」をクリックします。

図9.4　Execute

「Server response」＞→「Response body」にアクティブなユーザー情報のみ取得できていることを確認できます。

図9.5　Response body

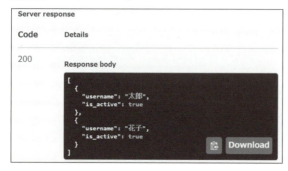

DI（依存性注入：Dependency Injection）の使用方法について、イメージできましたでしょうか？

Section 9-3 DI（依存性の注入）の深堀

DI、つまり依存性注入とは、プログラムの中で使う部品（クラスや関数など）が、自分で必要なものを作るのではなく、外部からその必要なものを「注入」してもらう仕組みのことです。少し難しく感じるかもしれませんが、簡単に言うと、プログラムが必要な部品を自分で用意するのではなく、外からもらうということです。ここではDIについて深堀りしましょう。

9-3-1 DIを取り巻く用語の整理

□ Dependency（依存）とは

ある「プログラム（A）」が別の「プログラム（B）」の機能を利用することを指します。つまり「プログラム（A）」が「プログラム（B）」のインスタンスを作成して利用している場合、「AはBに依存している」と言えます。

図9.6 依存

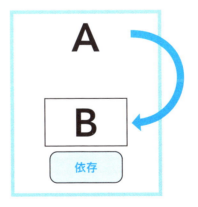

□ Dependency Injection（依存性の注入）とは

ある「プログラム（A）」が別の「プログラム（B）」の機能を利用するために、「プログラム（B）」のインスタンスを外部から渡す方法を指します。

図9.7　依存性の注入

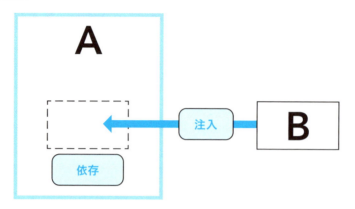

Dependency Inversion Principle（依存関係逆転の原則）とは

依存部分は「具体的な実装」ではなく、「抽象的」に依存することが推奨されます。これにより、依存関係が「逆転」し、プログラム間の結合度が低くなります。

図9.8　依存性逆転の法則

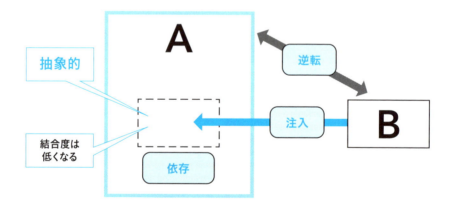

依存関係の逆転（Dependency Inversion Principle）は、ソフトウェア設計のSOLID原則の一つです。これは、通常のプログラム設計とは逆に、上位レベルのモジュールが下位レベルのモジュールに依存しないようにする方法です。

通常の依存関係

通常、プログラムでは重要な業務ロジックを持つ上位レベルのモジュールが、具体的な操作を行う下位レベルのモジュールに依存します。例えば、注文処理システム（上位レベルのモジュール）が、データベース操作のコード（下位レベルのモジュール）に依存するなどです。

依存関係の逆転とは？

依存関係の逆転では、上位レベルのモジュールが下位レベルのモジュールに依存しないようにします。代わりに、両方のモジュールが抽象的なインターフェースや抽象クラスに依存するように設計します。

■ SOLID 原則

SOLID原則は一言で言うと、「オブジェクト指向設計の5つの基本原則」です。これらの原則を守ることで、コードの柔軟性、再利用性、保守性が向上し、変更に強い設計が実現できます。本書の主旨である「FastAPIの学習」とは離れた内容になりますが、重要な原則なため説明させて頂きます。

単一責任の原則（Single Responsibility Principle）

クラスやモジュールは一つの責任（役割）だけを持つべきである。例えば、「ユーザー管理」と「ファイル管理」の両方の機能を持つクラスは分離させ、それぞれの役割を持つ「ユーザー管理」クラスと「ファイル管理」クラスに分ける。

オープン／クローズドの原則（Open/Closed Principle）

クラスやモジュールは拡張に対して開かれているべきだが、変更には閉じているべきである。例えば、新しい機能を追加する際には、既存のコードを変更せずに新しいクラスやメソッドを追加することで対応する。

リスコフの置換原則（Liskov Substitution Principle）

サブクラスは、その親クラスと置換可能でなければならない。例えば、動物クラスを継承する犬クラスと猫クラスがあり、どちらも動物クラスのメソッドを正しく実装している場合、動物として扱うことができる。

インターフェース分離の原則（Interface Segregation Principle）

クライアントは、利用しないメソッドに依存しないように、特定の機能に特化したインターフェースを提供すべきである。例えば、印刷とスキャンの両方の機能を持つプリンターインターフェースを分離し、印刷機能インターフェースとスキャン機能インターフェースに分ける。

依存関係逆転の原則（Dependency Inversion Principle）

高レベルモジュールは低レベルモジュールに依存してはならない。両者ともに抽象に依存すべきである。例えば、データベースクラスに直接依存するのではなく、データベースインターフェース[注1]を通じて依存関係を注入することで、異なるデータベースへの依存を簡単に変更できる。

（注1）　プログラムにおけるインターフェースとは、異なるクラスやコンポーネント同士がやり取りするための共通の接続点やルールのことです。

9-3-2　DIの使い所と気をつけること

使いどころ

　FastAPIを使う際、依存性注入（DI）を利用すると、外部サービスやデータベースとのやり取りを簡単に「モックオブジェクト」と置き換えることができます。これはテストを行う上で非常に便利です。

　例えば、通常は本物のデータベースに接続してデータを取り扱いますが、テスト環境では実際のデータベースを使わずに「仮のデータベース」を使うことが可能です。この仮の機能を「モック」と呼びます。

図9.9　モック

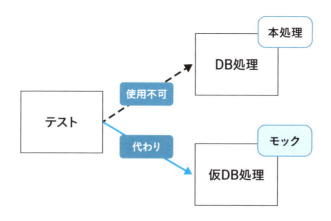

気をつけること

　すべての依存関係をDIにするのではなく、適切な範囲でDIを適用することが重要です。例えば、「ユーティリティクラス」や「非常に緊密（きんみつ）に結合しているロジック」にはDIを適用しない方が良い場合があります。これにより、必要以上に複雑な依存関係を避け、コードの可読性と保守性を保ちます。

　「ユーティリティクラス」は、よく使われる便利な機能を集めたクラスのことで、このクラスは、他のクラスから頻繁に呼び出されるため、特に依存関係を注入（DI）する必要はありません。理由として、これらのクラスはシンプルで独立していることが多いからです。

　「非常に緊密（きんみつ）に結合しているロジック」とは、互いに強く依存しているコードのことです。

　一緒に動作する必要があるため、互いに密接に関連している部分は一体として扱う方が簡単であり、分離すると複雑になります。

第10章 スキーマ駆動開発（フロントエンド）

10-1 スキーマ駆動開発

10-2 作成アプリケーションの概要

10-3 フロントエンドの作成

Section 10-1 スキーマ駆動開発

この章からは、前章まで学習した内容を活用し、Webアプリケーションを作成していきます。作成方法は「スキーマ駆動開発」を使用します。

10-1-1 スキーマ

「1-1-2 FastAPIの特徴」でスキーマ駆動開発の概要を説明しましたが、ここでは深掘りして説明していきます。

□ スキーマとは？

スキーマ駆動開発における「スキーマ」とは、データ構造やAPIの形式などを定義した「設計図」のことです。これにより、データがどのように構築され、どのように通信されるべきかを明確に示します。例えば、Web APIの場合、どのようなデータが「リクエスト」と「レスポンス」で送受信されるかを事前に定義します。

図10.1 スキーマ（再掲）

□ スキーマを現実世界で例える

スキーマを現実世界で例えると、「モノ作りの手順書」みたいなものです。プラモデルを作るときに使う説明書を思い浮かべてみてください。説明書には、どのパーツをどの順番でどこにつけるのかが書いてあります。

ITの世界でのスキーマも同じで、リクエストのスキーマでは「どんなデータを送るか」、レスポンスのスキーマでは「どんなデータが返ってくるか」が定義されています。これにより、クライアントとサーバーは、お互いにどんな情報をやり取りすべきかがわかります。開発者はこのスキーマを基に、正確に通信を行うシステムを構築していきます。

図10.2 スキーマ（現実世界の例）

■ スキーマがあると何が嬉しいか？

○ 型ヒントを通じたドキュメント化
　型ヒントを使用して関数や変数の期待される型を明示することで、コードのドキュメントとして機能し、使い方が理解しやすくなります。ドキュメントは「FastAPI」経由で自動生成されます。

○ 型チェックによるエラーの早期発見
　Pythonの型ヒントを使用すると、開発環境や静的型チェッカーが型の不一致を検出して、コードを実行する前にエラーを見つけ出すことができます。

10-1-2　スキーマ駆動開発

■ スキーマ駆動開発とは？
　スキーマ駆動開発は、事前にAPIの設計図（スキーマ）を作り、その設計に基づいてバックエンド（データを処理する側）とフロントエンド（ユーザーが操作する画面側）の開発を同時に進める手法です。OpenAPIのような仕様書を使うことで、開発の初期段階からAPIの動きを明確にし、フロントエンドの開発者が実際のデータが利用可能になる前に画面設計を進めることができます。

　つまりスキーマ駆動開発を使用すると、プロジェクトの初期段階でAPIのスキーマ（設計図）を定義し、そのスキーマに基づいて開発を進めることが可能です。これにより、開発チーム間での認識齟齬を防ぎ、「フロントエンド」と「バックエンド」がスムーズに連携できます。

　一方、スキーマ駆動開発を使用しない場合、スキーマを事前に定義せずに開発を進めます。これにより、柔軟に開発を行うことができる反面、チーム間での認識のずれや、「フロントエンド」と「バックエンド」の接続での問題が発生しやすくなります。また、ドキュメントの整合性を保つために、修正作業などの余分な努力をする可能性が高くなります。

図10.3 開発フロー例

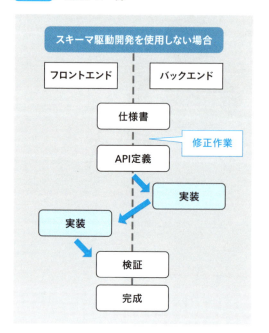
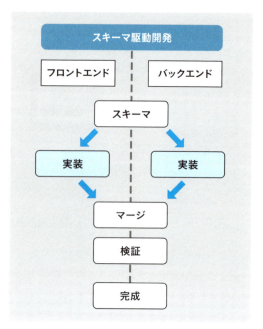

Column | スキーマ駆動開発の利点

スキーマ駆動開発の利点を以下に示します。

- 一貫性の確保
  スキーマでAPIやデータ構造を明確に定義し、一貫した設計・実装が可能になります。
- 早期のエラー検出
  スキーマを基に設計段階で問題を発見し、バグを防止できます。
- ドキュメントの自動化
  スキーマから自動的に最新のAPIドキュメントが生成され、手動での更新が不要です。
- コミュニケーション改善
  スキーマが共通の基準となり、開発者、設計者、テスター間での理解が深まります。
- テストの簡単化
  スキーマに基づいて自動でテストケースを作成でき、データの検証が容易になります。
- 同時開発の促進
  クライアントとサーバーの開発を並行して進められ、モックサーバーも簡単に作成できます。

このように、スキーマ駆動開発は、効率を高め、エラーを減らし、チームの連携を強化する強力な手法です。

Section 10-2 作成アプリケーションの概要

今回「スキーマ駆動開発」で作成するWebアプリケーションはCRUDを行う簡易メモアプリケーションです。バックエンドは「FastAPI+ SQLAlchemy」、フロントエンドは「JavaScript」で作成します。

10-2-1 スキーマ駆動開発でのステップ

スキーマ駆動で開発する場合、色々なやり方があると思いますが今回は以下の6ステップで開発します。

図10.4　6ステップ

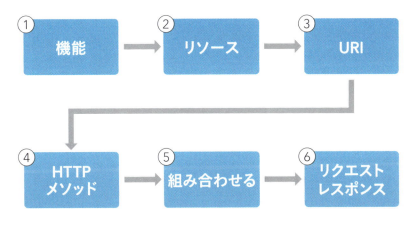

ステップ1：機能

APIを通じてどのような機能を提供するかを定義します。この定義には、システムが提供する全体的な機能と、それをどのように分割してAPIに落とし込むかが含まれます。

今回作成する提供機能を**表10.1**に示します。

表10.1 機能一覧

No	機能	概要
1	メモ新規作成	メモを新規作成します
2	メモ一覧参照	登録されているメモ情報を全件参照します
3	メモ1件取得	PKをキーに対応するメモ情報を取得します
4	メモ更新	PKをキーに対応するメモ情報を更新します
5	メモ削除	PKをキーに対応するメモ情報を削除します

ステップ2：リソース

APIが操作する主要なデータオブジェクトやエンティティを特定します。リソースは、例えばユーザー、商品、注文など、具体的な名詞で表現されることが一般的です。今回はCRUDを行う簡易メモアプリケーション作成のため「メモ」がリソースになります。

ステップ3：URI

各リソースにアクセスするためのエンドポイント（URI）を設計します。リソースを表現するためのURIは直感的で理解しやすいものが望ましいです。
URIを決めるときの注意点は以下5点です。

① URIは明瞭で簡潔であるべきです。リソースを一目で識別できるような明確な名前を使用します
② 英語で複数形の名詞を使用します
③ 英語は大文字を使わず小文字やハイフンで構成します
④ HTTPメソッド（GET, POST, PUT, DELETE）が操作を表すため、URIに動詞（create, update, deleteなど）は使用しません
⑤ RESTful URIは状態を持つべきではありません。つまり、URIが特定のセッションやユーザー固有の状態を示さないようにします

ステップ4：HTTPメソッド

HTTPメソッドとCRUD処理は以下のように対応しています。

図10.5　HTTPメソッド

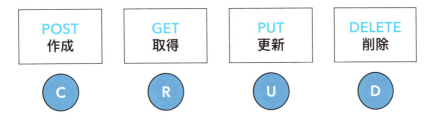

ステップ5：組み合わせる

ステップ1：機能、ステップ3：URI、ステップ4：HTTPメソッドを組み合わせ、エンドポイントを確定します（表10.2）。

表10.2　エンドポイント

No	HTTPメソッド	URI	機能
1	POST	/memos	メモを新規作成します
2	GET	/memos	登録されているメモ情報を全件参照します
3	GET	/memos/{ memo_id }	PKをキーに対応するメモ情報を取得します
4	PUT	/memos/{ memo_id }	PKをキーに対応するメモ情報を更新します
5	DELETE	/memos/{ memo_id }	PKをキーに対応するメモ情報を削除します

{ memo_id }の部分は「パスパラメータ」です。

最後に「リクエストとレスポンス」の構造を考えましょう。

10-2-2　自動ドキュメント作成の実施

プロジェクトフォルダとファイルの作成

「1-4-3 ハンズオン環境の作成」で作成した「C:¥work_fastapi」ディレクトリに、今回作成するプログラム用のプロジェクトフォルダを作成します。

VSCode画面にて「新しいフォルダを作る」アイコンをクリックし、フォルダ「fast_api_memoapp」を作成し、作成したフォルダを選択後「新しいフォルダを作る」アイコンをクリックし、フォルダ「cruds」、「frontapp」、「models」、「routers」、「schemas」を作成します（図10.6）。

図10.6 フォルダとファイルの作成

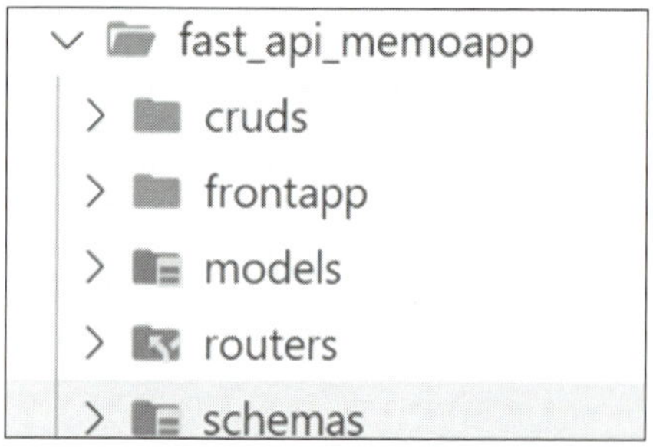

```
∨ 📂 fast_api_memoapp
  > 📁 cruds
  > 📁 frontapp
  > 📑 models
  > 📑 routers
  > 📑 schemas
```

各フォルダの説明を**表10.3**に示します。

表10.3 フォルダの説明

No	ファイル	概要
1	cruds	このフォルダは、データベースの操作に関連するロジックを含んでいます。CRUDとは、Create（作成）、Read（読み取り）、Update（更新）、Delete（削除）の頭文字を取ったもので、これらの基本的なデータ操作を行う関数やクラスが格納されます
2	frontapp	このフォルダはフロントエンドのアプリケーション、今回はクライアントサイドにはHTML、CSS、JavaScriptファイルを含めます
3	models	このフォルダはデータモデルを定義するためのものです。FastAPIでのデータモデルは、データベースのテーブル構造を反映するPythonクラスを指します。これらのクラスは、SQLAlchemyなどのORMライブラリを経由して使用されます
4	routers	ルーターフォルダは、アプリケーションの異なるエンドポイント（APIエンドポイント）を定義するファイルを含みます。FastAPIでは、これらのエンドポイントを通じてクライアントのリクエストに応じて適切なロジックが実行されます
5	schemas	スキーマフォルダは、リクエストとレスポンスで使用されるデータの形状（スキーマ）を定義するPydanticモデルが含まれます。これにより、入力データの検証やシリアライズ、ドキュメント生成が自動化されます

☐ スキーマの作成

スキーマを実際に作成する前に、スキーマを定義しましょう。リクエストで使用するスキーマ（InsertAndUpdateMemoSchema）とレスポンスで使用するスキーマ（MemoSchema／ResponseSchema）を**表10.4**〜**表10.6**に示します。

○ InsertAndUpdateMemoSchema

このスキーマは、ユーザーがメモを作成または更新する際に、必要なデータの形式を定義します。必須の「title」フィールドと任意の「description」フィールドがあります。

表10.4 InsertAndUpdateMemoSchema

フィールド	型	必須	説明	値の例	バリデーション
title	str	必須	メモのタイトル。少なくとも1文字以上必要です	明日のアジェンダ	最小文字数：1
description	str	任意	メモの内容についての追加情報。任意で記入できます	会議で話すトピック：プロジェクトの進捗状況	デフォルト値：空文字列

○ MemoSchema

このスキーマは、データベースから取得したメモ情報をクライアントに表示する際に使用します。InsertAndUpdateMemoSchemaを継承することで、継承されたフィールドに加えて、各メモを一意に識別するための「memo_id」が含まれます。

表10.5 MemoSchema

フィールド	型	必須	説明	値の例	バリデーション
memo_id	int	必須	メモを一意に識別するID番号。データベースで自動的に割り当てられます	123	なし

○ ResponseSchema

このスキーマは、API操作が完了した後の結果メッセージをクライアントに伝えるために使用するスキーマです。これは通常、操作が成功したかどうかをユーザーに知らせるために使用します。

表10.6 ResponseSchema

フィールド	型	必須	説明	値の例	バリデーション
message	str	必須	API操作の結果を説明するメッセージ	メモの更新に成功しました	なし

上記のスキーマ定義を利用してプログラムを作成していきます。

プログラムの作成

作成したフォルダ：schemas→ファイル：memo.pyに**リスト10.1**のコードを記述します（スキーマ）。

リスト 10.1　memo.py

```
001:    from pydantic import BaseModel, Field
002:
003:    # ================================================
004:    # スキーマ定義
005:    # ================================================
006:    # 登録・更新で使用するスキーマ
007:    class InsertAndUpdateMemoSchema(BaseModel):
008:        # メモのタイトル。このフィールドは必須です。
009:        title: str = Field(...,
010:                        description="メモのタイトルを入力してください。少なくとも1文字以上必要です。",
011:                        example="明日のアジェンダ", min_length=1)
012:        # メモの詳細説明。このフィールドは任意で入力可能です。
013:        description: str = Field(default="",
014:                        description="メモの内容についての追加情報。任意で記入できます。",
015:                        example="会議で話すトピック：プロジェクトの進捗状況")
016:
017:    # メモ情報を表すスキーマ
018:    class MemoSchema(InsertAndUpdateMemoSchema):
019:        # メモの一意識別子。データベースでユニークな主キーとして使用されます。
020:        memo_id: int = Field(...,
021:                        description="メモを一意に識別するID番号。データベースで自動的に割り当てられます。",
022:                        example=123)
023:
024:    # レスポンスで使用する結果用スキーマ
025:    class ResponseSchema(BaseModel):
026:        # 処理結果のメッセージ。このフィールドは必須です。
027:        message: str = Field(...,
028:                        description="API操作の結果を説明するメッセージ。",
029:                        example="メモの更新に成功しました。")
```

　リクエストとレスポンスで使用するためのスキーマを「スキーマ定義」に則りプログラムに落とし込みました。新しく説明する内容はありません。もしField関数の理解があいまいな場合は、「5-3-3 Pydantic再び」にて説明していますので参照してください。

　作成したフォルダ：fast_api_memoapp直下にファイル：main.pyを作成し、**リスト 10.2**のコードを記述します（エンドポイント）。

10-2 作成アプリケーションの概要

リスト 10.2 main.py

```python
001: from fastapi import FastAPI
002: from fastapi.responses import JSONResponse
003: from pydantic import ValidationError
004: from schemas.memo import InsertAndUpdateMemoSchema, MemoSchema, ResponseSchema
005:
006: # ===================================================
007: # 起動ファイル
008: # ===================================================
009: app = FastAPI()
010:
011: # ===================================================
012: # メモ用のエンドポイント
013: # ===================================================
014: # メモ新規登録
015: @app.post("/memos", response_model=ResponseSchema)
016: async def create_memo(memo: InsertAndUpdateMemoSchema):
017:     print(memo)
018:     return ResponseSchema(message="メモが正常に登録されました")
019:
020: # メモ情報全件取得
021: @app.get("/memos", response_model=list[MemoSchema])
022: async def get_memos_list():
023:     return [
024:         MemoSchema(title="タイトル1", description="詳細1", memo_id=1),
025:         MemoSchema(title="タイトル2", description="詳細2", memo_id=2),
026:         MemoSchema(title="タイトル3", description="詳細3", memo_id=3)
027:     ]
028:
029: # 特定のメモ情報取得
030: @app.get("/memos/{memo_id}", response_model=MemoSchema)
031: async def get_memo_detail(memo_id: int):
032:     return MemoSchema(title="タイトル1", description="詳細1", memo_id=memo_id)
033:
034: # 特定のメモを更新する
035: @app.put("/memos/{memo_id}", response_model=ResponseSchema)
036: async def modify_memo(memo_id: int, memo: InsertAndUpdateMemoSchema):
037:     print(memo_id, memo)
038:     return ResponseSchema(message="メモが正常に更新されました")
039:
040: # 特定のメモを削除する
041: @app.delete("/memos/{memo_id}", response_model=ResponseSchema)
042: async def remove_memo(memo_id: int):
043:     print(memo_id)
044:     return ResponseSchema(message="メモが正常に削除されました")
045:
046: # バリデーションエラーのカスタムハンドラ
047: @app.exception_handler(ValidationError)
```

10

スキーマ駆動開発（フロントエンド）

```
048:  async def validation_exception_handler(exc: ValidationError):
049:      # ValidationErrorが発生した場合にクライアントに返すレスポンス定義
050:      return JSONResponse(
051:          # ステータスコード422
052:          status_code=422,
053:          # エラーの詳細
054:          content={
055:              # Pydanticが提供するエラーのリスト
056:              "detail": exc.errors(),
057:              # バリデーションエラーが発生した時の入力データ
058:              "body": exc.model
059:          }
060:      )
```

「10-2-1 スキーマ駆動開発でのステップ」の「表10.2 エンドポイント（再録）」で作成した内容と、スキーマ定義を落とし込んだ「InsertAndUpdateMemoSchema」、「MemoSchema」、「ResponseSchema」を組み合わせ、フロントエンドとバックエンドのやり取りする部分を作成しています。

表10.2　エンドポイント（再掲）

No	HTTPメソッド	URI	機能
1	POST	/memos	メモを新規作成します
2	GET	/memos	登録されているメモ情報を全件参照します
3	GET	/memos/{ memo_id }	PKをキーに対応するメモ情報を取得します
4	PUT	/memos/{ memo_id }	PKをキーに対応するメモ情報を更新します
5	DELETE	/memos/{ memo_id }	PKをキーに対応するメモ情報を削除します

47〜60行目は「FastAPIアプリケーションでのカスタムエラーハンドラ定義」です。つまり「リクエスト」と「レスポンス」でやりとりするデータに対して「スキーマ定義」に則って「バリデーションチェック」を実施し、バリデーション中にエラーが発生した場合の対応処理を記述しています。

47行目「@app.exception_handler(ValidationError)」はFastAPIに、「もしValidationErrorが発生したら、直後の関数を使用してその例外を処理してください」と指示しています。ValidationErrorは、入力データが期待される形式や条件に合わないときに発生する例外です。

48行目「async def validation_exception_handler(exc: ValidationError)」は非同期関数で、エラーハンドラとして定義されています。エラーハンドラを一言で表すと、「エラーに対する処理関数」のことです。引数excには、発生したValidationError例外が渡されます。この関数は、例外から情報を抽出し、クライアントに適切なレスポンスを返します。

50〜60行目「return JSONResponse(...)」は、JSON形式のレスポンスをクライアントに返します。

52行目「status_code=422」、HTTPステータスコード 422 は "Unprocessable Entity" を意味し、

サーバーがリクエストの形式は理解したが、内容に誤りがあるため処理できないことを示します。これはバリデーションエラー発生時に使用されるステータスコードです。

54〜59行目「content」の部分には、エラーの詳細が含まれます。具体的には、「detail」というキーワードに値「exc.errors()」という、Pydanticライブラリが提供するバリデーションエラーの詳細なリストを設定しています。この設定によりどのフィールドでどんなバリデーションエラーが発生したかが含まれます。「body」というキーワードに値「exc.model」を設定している部分では、バリデーションエラーが発生した時の入力データの構造を表すモデルを設定しています。これによって、どのデータ型でエラーが発生したかがわかります。

このカスタムエラーハンドラを使用することで、APIのエンドユーザーに対してより明確で有用なエラー情報を提供できます。

図10.7 バリデーションエラーのイメージ

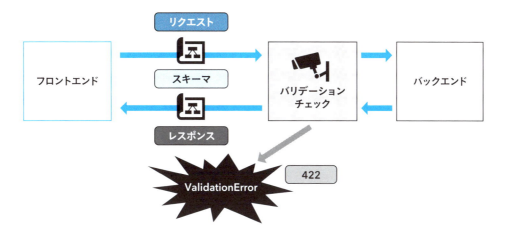

自動ドキュメントの確認

フォルダ「fast_api_memoapp」を選択し、右クリックして表示されるダイアログにて「統合ターミナルで開く」を選択し、ターミナルを表示させます。

選択したプロジェクトがカレントディレクトリであることを確認し、以下のコマンドを実行します。

```
uvicorn main:app --reload
```

○ Swagger UIでの確認

ブラウザのアドレスバーに「http://127.0.0.1:8000/docs」を入力することで「Swagger UI」にアクセスし、各エンドポイントと対応するスキーマを確認できます。これが自動ドキュメントになります。

図10.8　Swagger UI

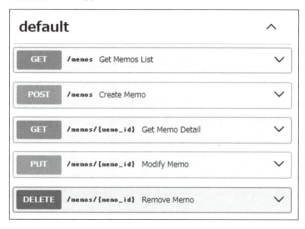

自動ドキュメントについては、「2-3 Swagger UIによるドキュメント生成」で説明しています。

各エンドポイントの確認

　各エンドポイントで「Try it out」ボタンをクリックし、必要な値を入力した後「Execute」ボタンをクリックします。そして「**リスト10.2　main.py**」に記述されているプログラムが正しく動作するかを確認します。
　全てのエンドポイントの動作確認を実施するとページ数を大幅に消費してしまうため、ここでは「バリデーションエラーのカスタムハンドラ」の確認を実施します。
　エンドポイント：POST「/memos」で「Try it out」ボタンをクリックし、「Request body」に表示されているスキーマの例を確認します。バリデーションエラーを発生させるために、キーワード「title」の値を空欄("")に設定します（図10.9）。

図10.9　エンドポイント（POST）

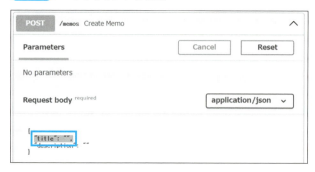

図10.10 ステータスコード：422

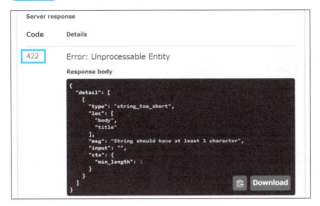

POSTのエンドポイントで使用しているリクエストのスキーマ「InsertAndUpdateMemoSchema」がtitle項目に、少なくとも1文字以上が必要なバリデーションチェック「min_length=1」を記述していることから、title項目にブランクを設定したことで「バリデーションエラー」が発生したことが確認できました。

現時点でのスキーマ駆動開発の進捗イメージを以下に示します。

図10.11 現時点の進捗イメージ

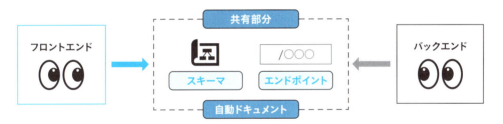

Column│分類の重要性

プログラムを分類すると、大規模なソフトウェアでも小さな部品ごとに管理できるようになります。これは、大きな課題を小さく分けて解決するのと同じ考え方です。

最初は分類の重要性がわかりにくいかもしれませんが、プログラムが大きくなるほど整理が必要になります。少し手間に感じるかもしれませんが、後々の作業を効率化する重要な習慣です。分類することで、全体の見通しが良くなり、コードが理解しやすくなります。結果として、必要な機能を見つけやすくなり、開発がスムーズに進みます。

まとめると、分類することのメリットは「複雑さの管理と効率の向上」です。この習慣を身につけることで、整理されたコードを書くスキルが向上します。

Section 10-3 フロントエンドの作成

「フロントエンド」と「バックエンド」でやりとりするのに必要な共有部分である「エンドポイントとスキーマ」を「Swagger UI」の自動ドキュメント機能を使用することで、開発者に見える形で提供できる状態になりました。ではフロントエンドの作成に入りましょう。

10-3-1 フロントエンド

今回フロントエンドの作成は「HTML」、「JavaScript」、「CSS」を使用して作成します。各ソースコードにコメントを詳細に記述していますが、より詳しく知りたい場合は、お手数ですが各技術の公式ドキュメントや書籍を参照してください。

ファイルの作成

フォルダ：frontappに「app.js」、「index.html」、「styles.css」を作成します（図10.12）。

図10.12 ファイルの作成

各ファイルの説明を以下に示します。

- app.js
  フロントエンドのロジックを記述するJavaScriptファイルです。ユーザーインターフェースの動作や、APIとの通信を担当します。

- index.html
  フロントエンドのメインとなるHTMLファイルです。ページの構造やコンテンツを定義します。

10-3 フロントエンドの作成

- styles.css

フロントエンドのスタイルを定義するCSSファイルです。ページのデザインやレイアウトを担当します。

コードの記述（JavaScriptファイル：app.js）

作成したファイル：app.jsに、**リスト10.3**～**リスト10.9**のコードを記述します。このJavaScriptコードは、メモアプリケーションのフロントエンドのロジックを担当します。

ファイルが長くなるため分割して説明していきます。既に説明させて頂いていますが、ソースコードについては「技術評論社のサポートページ」からリストや完成プロジェクトをダウンロード可能です。初回の学習時には是非、サポートページからダウンロードして学習に有効活用してください。

● グローバル変数と関数の定義

グローバル変数と関数の定義を行います（**リスト10.3**）。詳細は**表10.7**を参照してください。

リスト10.3 app.js①

```
001:  // グローバルスコープでFastAPIのURLを定義
002:  const apiUrl = 'http://localhost:8000/memos/';
003:
004:  // 編集中のメモIDを保持する変数
005:  let editingMemoId = null;
006:
007:  /**
008:   * メッセージをアラートダイアログで表示する関数
009:   */
010:  function displayMessage(message) {
011:      alert(message);
012:  }
013:
014:  /**
015:   * フォームをリセットし新規登録モードに戻す関数
016:   */
017:  function resetForm() {
018:      // フォームのタイトルをリセット
019:      document.getElementById('formTitle').textContent = 'メモの作成';
020:      // 項目：タイトルをリセット
021:      document.getElementById('title').value = '';
022:      // 項目：詳細をリセット
023:      document.getElementById('description').value = '';
024:      // 更新実行ボタンを非表示にする
025:      document.getElementById('updateButton').style.display = 'none';
026:      // 新規登録ボタンを再表示
```

10

▼
スキーマ駆動開発（フロントエンド）

181

```
027:        document.querySelector('#createMemoForm button[type="submit"]').style.display
   = 'block';
028:        // 編集中のメモIDをリセット
029:        editingMemoId = null;
030:    }
031:
```

表10.7 グローバル変数と関数の定義

行番号	変数や関数	説明
2	const apiUrl	FastAPIのメモエンドポイントのURLを定義しています
5	let editingMemoId	現在編集中のメモのIDを保持する変数です
10〜12	displayMessag	メッセージをアラートで表示する関数です
17〜30	resetForm	フォームをリセットし、新規登録モードに戻す関数です

メモの新規登録関数

リスト**10.4**はメモの新規登録関数を示したコードです。詳細は**表10.8**を参照してください。

リスト10.4 app.js②

```
032:    /**
033:     * 新規登録：非同期関数
034:     */
035:    async function createMemo(memo) {
036:        try {
037:            // APIに「POSTリクエスト」を送信してメモを作成します。
038:            // headersに'Content-Type'を'application/json'に設定し
039:            // JSON形式のデータを送信
040:            const response = await fetch(apiUrl, {
041:                method: 'POST',
042:                headers: {'Content-Type': 'application/json'},
043:                // メモオブジェクトをJSON文字列に変換して送信
044:                body: JSON.stringify(memo)
045:            });
046:            // レスポンスのボディをJSONとして解析
047:            const data = await response.json();
048:            // レスポンスが成功した場合（HTTPステータスコード：200）
049:            if (response.ok) {
050:                // 成功メッセージをアラートで表示
051:                displayMessage(data.message);
052:                // フォームをリセットして新規入力状態に戻す
053:                resetForm();
054:                // メモ一覧を最新の状態に更新
055:                await fetchAndDisplayMemos();
056:            } else {
057:                // レスポンスが失敗した場合、エラーメッセージを表示
```

10-3 フロントエンドの作成

```
058:            if (response.status === 422) {
059:                // バリデーションエラーの場合
060:                displayMessage('入力内容に誤りがあります。');
061:            } else {
062:                displayMessage(data.detail);
063:            }
064:        }
065:    } catch (error) {
066:        // ネットワークエラーやその他の理由でリクエスト自体が失敗した場合
067:        console.error('メモ作成中にエラーが発生しました:', error);
068:    }
069: }
070:
```

表10.8 メモの新規登録関数

行番号	変数や関数	説明
32〜69	createMemo	新しいメモを作成するための非同期関数です。APIにPOSTリクエストを送信し、成功した場合はメッセージを表示し、フォームをリセットします

○ メモの更新関数

リスト10.5はメモの更新関数を示したコードです。詳細は**表10.9**を参照してください。

リスト10.5 app.js ③

```
071: /**
072:  * 更新：非同期関数
073:  */
074: async function updateMemo(memo) {
075:     try {
076:         // APIに「PUTリクエスト」を送信してメモを更新します。
077:         // headersに'Content-Type'を'application/json'に設定し
078:         // JSON形式のデータを送信
079:         const response = await fetch(`${apiUrl}${editingMemoId}`, {
080:             method: 'PUT',
081:             headers: {'Content-Type': 'application/json'},
082:             body: JSON.stringify(memo)
083:         });
084:         // レスポンスのボディをJSONとして解析
085:         const data = await response.json();
086:         // レスポンスが成功した場合(HTTPステータスコード：200)
087:         if (response.ok) {
088:             // 成功メッセージをアラートで表示
089:             displayMessage(data.message);
090:             // フォームをリセットして新規入力状態に戻す
```

```
091:                    resetForm();
092:                    // メモ一覧を最新の状態に更新
093:                    await fetchAndDisplayMemos();
094:                } else {
095:                    // レスポンスが失敗した場合、エラーメッセージを表示
096:                    if (response.status === 422) {
097:                        // バリデーションエラーの場合
098:                        displayMessage('入力内容に誤りがあります。');
099:                    } else {
100:                        displayMessage(data.detail);
101:                    }
102:                }
103:        } catch (error) {
104:            // ネットワークエラーやその他の理由でリクエスト自体が失敗した場合
105:            console.error('メモ更新中にエラーが発生しました:', error);
106:        }
107:    }
108:
```

表10.9 メモの更新関数

行番号	変数や関数	説明
71～107	updateMemo	既存のメモを更新するための非同期関数です。APIにPUTリクエストを送信し、成功した場合はメッセージを表示し、フォームをリセットします

○ メモの削除関数

リスト10.6はメモの削除関数を示したコードです。詳細は**表10.10**を参照してください。

リスト10.6 app.js④

```
109:    /**
110:     * 削除：非同期関数
111:     */
112:    async function deleteMemo(memoId) {
113:        try {
114:            // APIに「DELETEリクエスト」を送信してメモを削除します。
115:            const response = await fetch(`${apiUrl}${memoId}`, {
116:                method: 'DELETE'
117:            });
118:            // レスポンスのボディをJSONとして解析
119:            const data = await response.json();
120:            // レスポンスが成功した場合（HTTPステータスコード：200）
121:            if (response.ok) {
122:                // 成功メッセージをアラートで表示
123:                displayMessage(data.message);
```

10-3 フロントエンドの作成

```
124:            // メモ一覧を最新の状態に更新
125:            await fetchAndDisplayMemos();
126:        } else {
127:            // レスポンスが失敗した場合、エラーメッセージを表示
128:            displayMessage(data.detail);
129:        }
130:    } catch (error) {
131:        // ネットワークエラーやその他の理由でリクエスト自体が失敗した場合
132:        console.error('メモ削除中にエラーが発生しました:', error);
133:    }
134: }
135:
```

表10.10 メモの削除関数

行番号	変数や関数	説明
109～134	deleteMemo	特定のメモを削除するための非同期関数です。APIにDELETEリクエストを送信し、成功した場合はメッセージを表示し、メモ一覧を更新します

● メモ一覧の取得と表示の関数

リスト10.7はメモ一覧の取得と表示の関数を示したコードです。詳細は**表10.11**を参照してください。

リスト10.7 app.js ⑤

```
136: /**
137:  * メモ一覧をサーバーから取得して表示する非同期関数
138:  */
139: async function fetchAndDisplayMemos() {
140:    try {
141:        // APIに「GETリクエスト」を送信してメモ一覧を取得します。
142:        const response = await fetch(apiUrl);
143:        // レスポンスが失敗した場合、エラーを投げます。
144:        if (!response.ok) {
145:            throw new Error(`HTTP error! status: ${response.status}`);
146:        }
147:        // レスポンスのボディをJSONとして解析
148:        const memos = await response.json();
149:        // HTML内のメモ一覧を表示する部分を取得
150:        const memosTableBody = document.querySelector('#memos tbody');
151:        // 一覧をクリア
152:        memosTableBody.innerHTML = '';
153:        // 取得したメモのデータを1つずつ設定
154:        memos.forEach(memo => {
155:            // 行を作成
```

10

スキーマ駆動開発（フロントエンド）

185

```
156:                const row = document.createElement('tr');
157:                // 行の中身：タイトル、説明、編集と削除ボタン
158:                row.innerHTML = `
159:                    <td>${memo.title}</td>
160:                    <td>${memo.description}</td>
161:                    <td>
162:                        <button class="edit" data-id="${memo.memo_id}">編集</button>
163:                        <button class="delete" data-id="${memo.memo_id}">削除</button>
164:                    </td>
165:                `;
166:                // 作成した行をテーブルのbodyに追加
167:                memosTableBody.appendChild(row);
168:            });
169:        } catch (error) {
170:            // ネットワークエラーやその他の理由でリクエスト自体が失敗した場合
171:            console.error('メモ一覧の取得中にエラーが発生しました:', error);
172:        }
173:    }
174:
```

表10.11 メモ一覧の取得と表示の関数

行番号	変数や関数	説明
136〜173	fetchAndDisplayMemos	サーバーからメモ一覧を取得し、HTMLテーブルに表示する非同期関数です

○ 特定のメモを編集する関数

リスト10.8は特定のメモを編集する関数を示したコードです。詳細は**表10.12**を参照してください。

リスト10.8 app.js⑥

```
175:    /**
176:     * 特定のメモを編集するための非同期関数
177:     */
178:    async function editMemo(memoId) {
179:        // 編集するメモのIDをグローバル変数に設定
180:        editingMemoId = memoId;
181:        // サーバーから特定のIDのメモのデータを取得するリクエストを送信
182:        const response = await fetch(`${apiUrl}${memoId}`);
183:        // レスポンスのJSONを解析し、メモデータを取得
184:        const memo = await response.json();
185:        // レスポンスが正常でなければ、エラーメッセージを表示し、処理を終了
186:        if (!response.ok) {
187:            await displayMessage(memo.detail);
188:            return;
189:        }
```

```
190:        // 取得したメモのタイトルと説明をフォームに設定
191:        document.getElementById('title').value = memo.title;
192:        document.getElementById('description').value = memo.description;
193:        // === フォーム ===
194:        // フォームの見出しを「メモの編集」に更新
195:        document.getElementById('formTitle').textContent = 'メモの編集';
196:        // 更新実行ボタンを表示にする
197:        document.getElementById('updateButton').style.display = 'block';
198:        // 新規登録ボタンを非表示にする
199:        document.querySelector('#createMemoForm button[type="submit"]').style.display
    = 'none';
200:    }
201:
```

表10.12 特定のメモを編集する関数

行番号	変数や関数	説明
175〜200	editMemo	特定のメモを編集モードに設定するための非同期関数です。メモのデータをフォームに表示し、編集モードに切り替えます

イベントリスナーの設定

リスト10.9はイベントリスナーの設定を行うコードです。ドキュメントが完全に読み込まれた時点で実行されるコードを設定しています。フォームの送信イベント、更新ボタンのクリックイベント、メモ一覧テーブル内のクリックイベントを設定し、それぞれに対応する関数を呼び出します。

259行目は、ドキュメントの読み込み完了時にメモ一覧を表示する関数を呼び出します。

リスト10.9 app.js ⑦

```
202:    /**
203:     * ドキュメントの読み込みが完了した後に実行されるイベントリスナー
204:     * つまり、ドキュメントの読み込みが完了した時点で、以下のコードが実行されます。
205:     */
206:    document.addEventListener('DOMContentLoaded', () => {
207:        // フォームの要素を取得
208:        const form = document.getElementById('createMemoForm');
209:
210:        // フォームの送信イベントに対する処理を設定
211:        form.onsubmit = async (event) => {
212:            // フォームのデフォルトの送信動作を防止
213:            event.preventDefault();
214:            // タイトルと説明の入力値を取得
215:            const title = document.getElementById('title').value;
216:            const description = document.getElementById('description').value;
217:            // メモオブジェクトを作成
```

```
218:            const memo = { title, description };
219:
220:            // 編集中のメモIDがある場合は更新、なければ新規作成を実行
221:            if (editingMemoId) {
222:                await updateMemo(memo);
223:            } else {
224:                await createMemo(memo);
225:            }
226:        };
227:
228:        // 更新ボタンのクリックイベントに対する処理を設定
229:        document.getElementById('updateButton').onclick = async () => {
230:            // タイトルと説明の入力値を取得
231:            const title = document.getElementById('title').value;
232:            const description = document.getElementById('description').value;
233:            // 更新関数を実行
234:            await updateMemo({ title, description });
235:        };
236:
237:        // メモ一覧テーブル内のクリックイベントを監視
238:        // つまりメモ一覧テーブル内の任意のクリックに対してイベントリスナーを設定
239:        document.querySelector('#memos tbody').addEventListener('click', async (event)
    => {
240:            // クリックされた要素が編集ボタンだった場合の処理
241:            if (event.target.className === 'edit') {
242:                // クリックされた編集ボタンからメモIDを取得
243:                const memoId = event.target.dataset.id;
244:                // 編集関数を実行
245:                await editMemo(memoId);
246:            // クリックされた要素が削除ボタンだった場合の処理
247:            } else if (event.target.className === 'delete') {
248:                // クリックされた削除ボタンからメモIDを取得
249:                const memoId = event.target.dataset.id;
250:                // 削除関数を実行
251:                await deleteMemo(memoId);
252:            }
253:        });
254: });
255:
256: /**
257:  * ドキュメントの読み込みが完了した時にメモ一覧を表示する関数を呼び出す
258:  */
259: document.addEventListener('DOMContentLoaded', fetchAndDisplayMemos);
```

10-3 フロントエンドの作成

■ コードの記述（HTMLファイル：index.html）

作成したファイル：index.htmlに、**リスト10.10**のコードを記述します。

リスト10.10 index.html

```
001: <!DOCTYPE html>
002: <html lang="en">
003: <head>
004:     <meta charset="UTF-8">
005:     <!-- ビューポートの設定：スケーラブルなデザインを実現するための基本設定 -->
006:     <meta name="viewport" content="width=device-width, initial-scale=1.0">
007:     <title>Memo App</title>
008:     <!-- 外部CSSファイルのリンク -->
009:     <link rel="stylesheet" href="styles.css">
010: </head>
011: <body>
012:     <!-- アプリケーションのタイトル -->
013:     <h1>Memo App</h1>
014:     <!-- メモ作成フォームのコンテナ -->
015:     <div class="form-container">
016:         <h2 id="formTitle">メモの作成</h2>
017:         <form id="createMemoForm">
018:             <div>
019:                 <!-- タイトル入力フィールド -->
020:                 <label for="title">タイトル</label>
021:                 <input type="text" id="title" placeholder="タイトルを入力" required />
022:             </div>
023:             <div>
024:                 <!-- 詳細入力フィールド -->
025:                 <label for="description">詳細</label>
026:                 <textarea id="description" placeholder="詳細を入力"></textarea>
027:             </div>
028:             <div class="button-container">
029:                 <!-- メモ新規登録ボタン -->
030:                 <button type="submit">新規登録</button>
031:                 <!-- 更新ボタン（初期状態では非表示） -->
032:                 <button type="button" id="updateButton" style="display: none;">更
新実行</button>
033:             </div>
034:         </form>
035:     </div>
036:     <!-- 区切り線 -->
037:     <hr>
038:     <!-- メモの一覧を表示するテーブル -->
039:     <table id="memos">
040:         <thead>
041:             <tr>
```

189

```
042:                    <th>タイトル</th>
043:                    <th>詳細</th>
044:                    <th>操作</th>
045:                </tr>
046:            </thead>
047:            <tbody>
048:                <!-- JavaScriptによってメモの一覧がここに挿入される -->
049:            </tbody>
050:        </table>
051:        <!-- JavaScriptファイルのリンク -->
052:        <script src="app.js"></script>
053:    </body>
054: </html>
```

　このHTMLファイルは、メモアプリケーションのユーザーインターフェースを構築します。ユーザーがメモを作成、表示、編集、削除するためのフォームやテーブルを提供し、**app.js**ファイルを通じてインタラクティブな動作を実現します。

◻ コードの記述（CSSファイル：styles.css）

　作成したファイル：**styles.css**に、コードを記述します（詳細は技術評論社のダウンロードサイトを参考にしてください：**リスト10-11**）。このCSSソースコードは、メモアプリケーションのスタイルを定義しています。全ての項目にコメントを付与しているため、説明は割愛させて頂きます。

10-3-2　Webページプレビュー拡張機能を追加

　VSCodeでWebページプレビューを便利に使用する「Live Server」拡張機能を追加します。Live Serverを導入することで、ローカルで作成しているWebページの変更をリアルタイムで反映させながらブラウザで確認できるようになります。

　VSCode画面の「拡張機能」ボタンをクリックし、「拡張機能」の検索バーに「Live Server」と入力します。「Live Server」を選択し、「インストール」ボタンをクリックし拡張機能を追加します（**図10.13**）。

図10.13　Live Server

10-3　フロントエンドの作成

画面の確認

フォルダ：frontapp→ファイル：index.htmlをダブルクリックして、エディタを表示させます（図10.14）。その後、画面右下に表示される「Go Live」をクリックします（図10.15）。

図10.14　Live Server起動①

図10.15　Live Server起動②

「Live Server」が起動され、自動的にブラウザが立ち上がり、アドレスバーに「http://127.0.0.1:5500/fast_api_memoapp/frontapp/index.html」が設定され、作成したフロントエンドのWebページが表示されます（図10.16）。

まだバックエンドを作成していないのでここでは動作確認はしません。

図10.16　Live Server起動③

起動停止

VSCode画面右下に表示されている「Port：5500」をクリックすることで「Live Server」が停止します（図10.17）。

図10.17 Live Server停止

現時点でのスキーマ駆動開発の進捗イメージを**図10.18**に示します。

図10.18 進捗イメージ

今回フロントエンドの作成には「HTML」、「JavaScript」、「CSS」を使用していますが、FastAPIと連携することで、ReactやAngular、Vue.jsなどのモダンなフロントエンドフレームワークも自由に選択することができます。これにより、さらに効率的で洗練されたユーザーインターフェースを構築することが可能です。

現時点までの「作業進捗」を**表10.13**に示します。

表10.13 10章までの作業進捗

No	フォルダ	概要	進捗
1	cruds	データベース操作のロジック（作成、読み取り、更新、削除）を含む	
2	frontapp	フロントエンドのアプリケーション（HTML、CSS、JavaScriptファイル）を含む	10-3で作成済
3	models	データベースのテーブル構造を反映するデータモデル（Pythonクラス）を定義	
4	routers	アプリケーションの異なるAPIエンドポイントを定義	
5	schemas	リクエストとレスポンスで使用されるデータの形状（スキーマ）を定義するPydanticモデルを含む	10-2で作成済

スキーマ駆動開発（バックエンド）

モデルとDBアクセスの作成

CRUD処理の作成

リファクタリング

動作確認

Section

11-1 モデルとDBアクセスの作成

この章で簡易メモアプリの作成を完了させます。FastAPIを使用したバックエンドを作成し、Webアプリケーションを完成させましょう。

11-1-1 モデルの決定

APIのスキーマが決定しているので、そのスキーマを基にデータベースの「モデル」を設計します。これは、データベースに保存するデータの形式を決める作業です。

今回作成する「memos」テーブルの定義を**表11.1**に示します。

表11.1 作成する「memos」テーブルの定義

フィールド名	データ型	主キー（PK）	必須（NOT NULL）	自動インクリメント	デフォルト値	説明
memo_id	Integer	はい	はい	はい	なし	メモの一意識別子
title	String(50)	いいえ	はい	いいえ	なし	メモのタイトル
description	String(255)	いいえ	いいえ	いいえ	なし	メモの詳細説明
created_at	DateTime	いいえ	いいえ	いいえ	datetime.now()	メモ作成日時
updated_at	DateTime	いいえ	いいえ	いいえ	なし	メモの更新日時

11-1-2 コードの記述

☐ モデルの作成

先ほど記述したモデル定義をソースコードに落とし込みます。

作成したフォルダ：models→ファイル：memo.pyに**リスト11.1**のコードを記述します。

リスト11.1 memo.py

```
001:    from sqlalchemy import Column, Integer, String, DateTime
002:    from db import Base
003:    from datetime import datetime
004:
```

```
005:    # ================================================
006:    # モデル
007:    # ================================================
008:    # memosテーブル用：モデル
009:    class Memo(Base):
010:        # テーブル名
011:        __tablename__ = "memos"
012:        # メモID：PK：自動インクリメント
013:        memo_id = Column(Integer, primary_key=True, autoincrement=True)
014:        # タイトル：未入力不可
015:        title = Column(String(50), nullable=False)
016:        # 詳細：未入力可
017:        description = Column(String(255), nullable=True)
018:        # 作成日時
019:        created_at = Column(DateTime, default=datetime.now())
020:        # 更新日時
021:        updated_at = Column(DateTime)
```

モデルについては「8-2 SQLAlchemyを使用したアプリケーションの作成」で説明しているため、忘れてしまっている場合は参照してください。

DBアクセスの作成

プロジェクトフォルダ：fast_api_memoapp→ファイル：db.pyにコードを記述します。このコードは、FastAPIでSQLiteデータベースに非同期でアクセスするための設定です。SQLAlchemyを使用して非同期エンジンとセッションを設定し、データベース操作を効率的に行えるようにしています。

コードを分割して説明していきます（**リスト11.2**〜**リスト11.6**）。

○ **モジュールのインポート**

モジュールのインポート部分を**リスト11.2**に示します。

リスト11.2 db.py ①

```
001:    import os
002:    from sqlalchemy.ext.asyncio import create_async_engine, AsyncSession
003:    from sqlalchemy.orm import sessionmaker, declarative_base
004:
```

1〜3行目は「必要なモジュールのインポート」です。**表11.2**に各モジュールについて説明します。

表11.2 モジュールの詳細

モジュール/関数名	説明	備考
os	ファイルパス操作のための標準モジュールです	Python標準ライブラリの1つです。
create_async_engine	SQLAlchemyで非同期エンジンを作成するための関数です	非同期エンジンは、複数のリクエストを効率的に処理するためのものです
AsyncSession	非同期セッションを扱うためのクラスです	非同期セッションは、データベースへの非同期操作をサポートします
sessionmaker	セッションを作成するためのファクトリ関数です	ファクトリ関数とはセッションの設定や作成を簡略化し、再利用可能にします
declarative_base	ベースクラスを作成するための関数です	ベースクラスはデータベースモデルの定義に使用され、テーブルスキーマを簡潔に定義できます

ベースクラスの定義

データベースのモデルを定義するためのベースクラスを作成します（**リスト11.3**）。

リスト11.3 db.py②

```
005:    # ====================================================
006:    # DBアクセス
007:    # ====================================================
008:    # ベースクラスの定義
009:    Base = declarative_base()
010:
```

9行目「ベースクラスの定義」です。これにより、テーブルやカラムを簡単に定義できます。

DBファイル作成

リスト**11.4**はDBファイルの作成部分になります。

リスト11.4 db.py③

```
011:    # DBファイル作成
012:    base_dir = os.path.dirname(__file__)
013:    # データベースのURL
014:    DATABASE_URL = 'sqlite+aiosqlite:///' + os.path.join(base_dir, 'memodb.sqlite')
015:
```

11〜14行目「データベースファイルのパスを設定」です。詳細を**表11.3**に示します。

11-1 モデルとDBアクセスの作成

表11.3 データベースファイルのパス設定

変数名	説明	備考
base_dir	現在のファイルが存在するディレクトリのパスを取得します	os.path.dirname(__file__)を使用して、現在のプログラムが置かれているディレクトリのパスを取得します
DATABASE_URL	SQLiteデータベースのURLを設定します	sqlite+aiosqlite:///は、非同期操作が可能なSQLiteデータベースを指定する接続文字列です
os.path.join	ディレクトリパスとファイル名を結合して完全なパスを生成します	os.path.join(base_dir, 'memodb.sqlite')は、ディレクトリパスとデータベースファイル名を結合しています

14行目のDATABASE_URLに設定した「sqlite+aiosqlite:///」を分割して説明します(**表11.4**)。

表11.4 DATABASE_URL詳細

項目	説明	詳細
sqlite	軽量で組み込み可能なSQLiteデータベースを指定します	SQLiteは、小規模から中規模のアプリケーションに適しているDBファイルです
+aiosqlite	非同期アクセスをサポートするドライバーを指定します	aiosqliteは、データベース操作を非同期で行うためのライブラリです
///	スラッシュが3つ(///)ある部分は、SQLiteデータベースのファイルパスを示しています	ローカルファイルシステム上のデータベースファイルへのパスを指示します。sqlite+aiosqlite:///の後に続く部分は、「現在のディレクトリからの絶対パス」としてデータベースファイルを指定しています

非同期エンジン／非同期セッションの作成

リスト11.5は非同期エンジンの作成／非同期セッションの設定部分です。

リスト11.5 db.py④

```
016:    # 非同期エンジンの作成
017:    engine = create_async_engine(DATABASE_URL, echo=True)
018:
019:    # 非同期セッションの設定
020:    async_session = sessionmaker(
021:        engine,
022:        expire_on_commit=False,
023:        class_=AsyncSession
024:    )
025:
```

17行目「engine = create_async_engine(DATABASE_URL, echo=True)」は非同期エンジンの作成です。「create_async_engine」は非同期データベースエンジンを作成します。「echo=True」は、実行されるSQL文をターミナルに出力する設定です。

20〜24行目は「非同期セッションの設定」です。「sessionmaker」はデータベースセッションを作成するためのファクトリ関数で、設定として非同期エンジンを使用し、セッションのクラスをAsyncSessionに設定しています。「expire_on_commit=False」は、セッションをコミットした後でも、データベースから取得したオブジェクトが無効にならずに使い続けられる設定です。上記までの、DBアクセス周りに関しては「8-2 SQLAlchemyを使用したアプリケーションの作成」で説明しているため、忘れてしまっている場合は参照をお願いします。

● DBとのセッションを非同期的に扱う関数の作成

リスト11.6の27〜29行目は「DBセッションを非同期的に扱う関数」です。この非同期関数は、データベースセッションを取得します。

リスト11.6 db.py⑤

```
026:    # DBとのセッションを非同期的に扱うことができる関数
027:    async def get_dbsession():
028:        async with async_session() as session:
029:            yield session
```

async with構文を使用してセッションを作成し、yieldを使用して呼び出し元にセッションを返します。この関数は、後ほど「FastAPIのDI：依存関係注入」で使用します。

27〜29行目のコードは、以下の4ステップで使用されます。

- ステップ1
  async with async_session() as session：データベースセッションを開きます。
- ステップ2
  yield session：セッションを「呼び出し元」に返します。
- ステップ3
  「呼び出し元」がデータベース操作を行います。
- ステップ4
  操作が終わると、セッションが閉じられます。

これにより、データベースセッションを効率的かつ安全に管理できます。

11-1 モデルとDBアクセスの作成

Column | 「yield」について

yieldは、Pythonのジェネレーター関数で使われるキーワードです。ジェネレーター関数とは、通常の関数とは異なり、一度にすべての値を返すのではなく、必要な時に値を一つずつ返します。「yield」の特徴を以下に示します。

- 関数の途中で一時停止する
  yieldを使用すると、関数の実行が一時停止し、値を呼び出し元に返します。次に関数が呼び出されたときに、前回の停止場所から実行が再開されます。
- リソース管理に便利
  yieldを使用することで、データベースセッションやファイルのようなリソースを効率的に管理できます。関数が一時停止している間も、リソースは開いたまま保持されます。

テーブル作成用ファイルの作成

プロジェクトフォルダ：fast_api_memoapp→ファイル：init_database.pyに**リスト11.7**のコードを記述します。

リスト11.7 init_database.py

```
001: import os
002: from sqlalchemy.ext.asyncio import create_async_engine
003: from models.memo import Base
004: import asyncio
005:
006: # ===================================================
007: # DB作成＆テーブル作成
008: # ===================================================
009: # DBファイル作成
010: base_dir = os.path.dirname(__file__)
011: # データベースのURL
012: DATABASE_URL = 'sqlite+aiosqlite:///' + os.path.join(base_dir, 'memodb.sqlite')
013:
014: # 非同期エンジンの作成
015: engine = create_async_engine(DATABASE_URL, echo=True)
016:
017: # データベースの初期化
018: async def init_db():
019:     print("=== データベースの初期化を開始 ===")
020:     async with engine.begin() as conn:
```

199

```
021:          # 既存のテーブルを削除
022:          await conn.run_sync(Base.metadata.drop_all)
023:          print(">>> 既存のテーブルを削除しました。")
024:          # テーブルを作成
025:          await conn.run_sync(Base.metadata.create_all)
026:          print(">>> 新しいテーブルを作成しました。")
027:
028: # スクリプトで実行時のみ実行
029: if __name__ == "__main__":
030:      asyncio.run(init_db())
```

　このコードは、SQLite データベースを初期化し、新しいテーブルを作成するために使用されます。init_db 関数は、データベース接続を開き、既存のテーブルを削除してから、新しいテーブルを作成します。

　1〜16行目は「先ほど作成した db.py」で説明した内容になるため、説明は割愛させて頂きます。

　18〜26行目は「データベースを初期化」する関数です。詳細を**表11.5**に示します。

表11.5　データベースを初期化する関数

行数	コード	説明
20	async with engine.begin() as conn	非同期コンテキストマネージャを使用してデータベース接続を開きます。async with 文を使用することで、非同期にデータベース接続を開き、この接続は conn という変数に格納されます。非同期コンテキストマネージャを使うことで、接続が自動的に開かれ、操作が終わった後に自動的に閉じられます
22	await conn.run_sync(Base.metadata.drop_all)	既存のテーブルを削除します。conn.run_sync メソッドを使用して、データベースに対する同期的な操作を非同期で実行します。ここでは、Base.metadata.drop_all を使用して、データベース内の全ての既存テーブルを削除します
25	await conn.run_sync(Base.metadata.create_all)	新しいテーブルを作成します。conn.run_sync メソッドを使用して、データベースに対する同期的な操作を非同期で実行します。ここでは、Base.metadata.create_all を使用して、新しいテーブルをデータベース内に作成します

　29〜30行目は「スクリプトとして実行される場合の処理」です。このスクリプトが直接実行された場合にのみ init_db 関数を実行します。

11-1-3 　動作確認の実施

☐ DB とテーブルの作成

　作成したファイル：init_database.py を選択します。右クリックして表示されるダイアログにて、「ターミナルでPythonファイルを実行する」をクリックします。

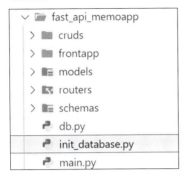

図11.1 ファイルの選択

図11.2 ファイルの実行

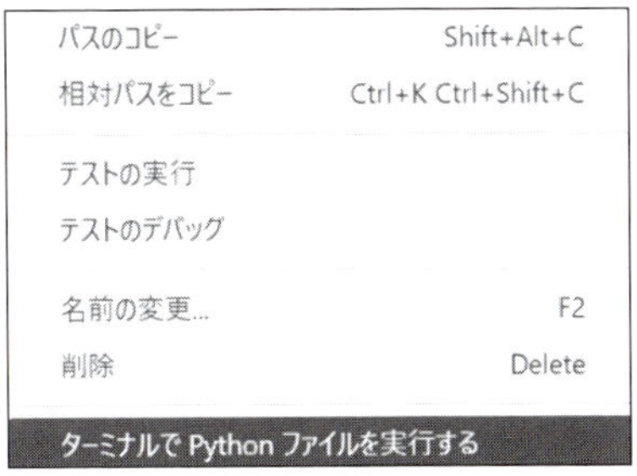

ファイル：init_database.py と同じ階層にDBファイル：memodb.sqlite が作成されます。

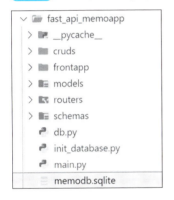

図11.3 DBファイルの作成

現時点までの「作業進捗」を表11.6に示します。

表11.6 11-1までの作業進捗

No	フォルダ	概要	進捗
1	cruds	データベース操作のロジック（作成、読み取り、更新、削除）を含む	
2	frontapp	フロントエンドのアプリケーション（HTML、CSS、JavaScriptファイル）を含む	10-3で作成済
3	models	データベースのテーブル構造を反映するデータモデル（Pythonクラス）を定義	11-1で作成済
4	routers	アプリケーションの異なるAPIエンドポイントを定義。	
5	schemas	リクエストとレスポンスで使用されるデータの形状（スキーマ）を定義するPydanticモデルを含む。	10-2で作成済

Section
11-2

CRUD処理の作成

ここでは、データベース操作のロジック（CRUD：作成、読み取り、更新、削除）を
含む処理を作成していきます。

11-2-1 非同期CRUD処理

☐ CRUD処理の作成

　作成したフォルダ：cruds→ファイル：memo.pyに**リスト11.8～リスト11.13**のコードを記
述します。このコードは、非同期でメモのデータベース操作を行うための基本的なCRUD関数を
提供します。各関数は非同期で動作し、データベースとのやり取りを効率的に行います。これに
より、アプリケーションが効率的にデータベース操作を行うことができます。ファイルが大変長
くなるため分割して説明します。

　既に説明させて頂いていますが、ソースコードについては「技術評論社のサポートページ」か
らリストや完成プロジェクトをダウンロード可能です。初回の学習時には是非、サポートページ
からダウンロードして有効活用してください。なお、今まで提供してきたソースコードは、ビギ
ナーがわかりやすいようにコメントを付与していますが、特に「ドキュメントストリング
（docstring）」を意識していませんでした。ドキュメントストリングは、Pythonの関数やクラス、
モジュールに追加される特別なコメントで、コードの説明を提供します。これにより、コードの
使用方法や動作を他の開発者（や自分自身）が簡単に理解できるようになります。このファイル
ではドキュメントストリングも記述していきます。

○ モジュールのインポート

　リスト11.8は、SQLAlchemyとFastAPIを使用してデータベースとやり取りするために「必要
なモジュールのインポート」です。各モジュールについて**表11.7**に示します。

リスト11.8 memo.py①（インポート）

```
001:   from sqlalchemy import select
002:   from sqlalchemy.ext.asyncio import AsyncSession
003:   import schemas.memo as memo_schema
004:   import models.memo as memo_model
005:   from datetime import datetime
006:
```

11-2 CRUD 処理の作成

表11.7 モジュール詳細

モジュール／クラス	説明
sqlalchemy	SQLAlchemy は Python の ORM（オブジェクト関係マッピング）ライブラリで、データベース操作を容易にします
select	SQLAlchemy の関数で、データベースからデータを選択（取得）するために使用されます
sqlalchemy.ext.asyncio	非同期操作をサポートする SQLAlchemy のモジュールです
AsyncSession	非同期データベースセッションを扱うクラスです
schemas.memo	データの構造（スキーマ）を定義するためのモジュールです
models.memo	データベースのテーブルに対応するモデルを定義するモジュールです
datetime	日時を扱うための Python 標準ライブラリです

○「新規登録」関数

memo.py に新規登録を行うコードを追加します（**リスト11.9**）。7〜29行目「新しいメモを登録する」関数です。各処理を分けて説明していきます。

リスト11.9 memo.py ②（新規登録関数）

```
007:    # ===================================================
008:    # 非同期CRUD処理
009:    # ===================================================
010:    # 新規登録
011:    async def insert_memo(
012:            db_session: AsyncSession,
013:            memo_data: memo_schema.InsertAndUpdateMemoSchema) -> memo_model.Memo:
014:        """
015:            新しいメモをデータベースに登録する関数
016:            Args:
017:                db_session (AsyncSession): 非同期DBセッション
018:                memo_data (InsertAndUpdateMemoSchema): 作成するメモのデータ
019:            Returns:
020:                Memo: 作成されたメモのモデル
021:        """
022:        print("=== 新規登録：開始 ===")
023:        new_memo = memo_model.Memo(**memo_data.model_dump())
024:        db_session.add(new_memo)
025:        await db_session.commit()
026:        await db_session.refresh(new_memo)
027:        print(">>> データ追加完了")
028:        return new_memo
029:
```

11〜13行目は「関数定義と引数と戻り値」です。詳細を**表11.8**に示します。

203

表11.8 関数定義と引数と戻り値

項目	説明
async def	この関数が非同期関数であることを示します。非同期関数は、重いI/O操作（例えば、データベースアクセス）を他の処理をブロックせずに実行するために使用されます
db_session: AsyncSession	データベース操作を行うためのセッションオブジェクトです。このセッションを使用してデータベースにアクセスします
memo_data: memo_schema.InsertAndUpdateMemoSchema	メモのデータを持つオブジェクトです。このオブジェクトには、新しく作成するメモの情報が含まれています
-> memo_model.Memo	この関数が、memo_model.Memo型のオブジェクトを返すことを示します

14～21行目は「ドキュメントストリング」です。引数（Args）と戻り値（Returns）の説明が含まれる関数の説明をしています。

23行目「new_memo = memo_model.Memo(**memo_data.model_dump())」は、memo_dataオブジェクトのデータを使用して、新しいメモオブジェクトを作成します。model_dump()メソッドは、オブジェクトの属性を辞書形式に変換します。

24～26行目は「データベースに新しいメモを追加」します。詳細を**表11.9**に示します。

表11.9 データベースに新しいメモを追加

コード	説明
db_session.add(new_memo)	新しいメモオブジェクトをデータベースセッションに追加します
await db_session.commit()	セッション内の全ての変更をデータベースに反映させます
await db_session.refresh(new_memo)	実行すると、データベースからnew_memoオブジェクトに対応する最新のデータが取得され、そのオブジェクトの属性が更新されます。非同期関数内で使用されるため、awaitキーワードを付けて呼び出し、操作が完了するまで待機します

28行目で関数の戻り値として、作成されたメモオブジェクトを返します。

○「全件取得」関数

リスト**11.10**の30～44行目は「全てのメモを取得する」関数です。各処理を分けて説明していきます。

リスト11.10 memo.py③（全件取得）

```
030:    # 全件取得
031:    async def get_memos(db_session: AsyncSession) -> list[memo_model.Memo]:
032:        """
033:            データベースから全てのメモを取得する関数
```

204

```
034:            Args:
035:                db_session (AsyncSession): 非同期DBセッション
036:            Returns:
037:                list[Memo]: 取得された全てのメモのリスト
038:            """
039:            print("=== 全件取得：開始 ===")
040:            result = await db_session.execute(select(memo_model.Memo))
041:            memos = result.scalars().all()
042:            print(">>> データ全件取得完了")
043:            return memos
044:
```

31行目は「関数定義と引数と戻り値」です。詳細を**表11.10**に示します。

表11.10 関数定義と引数と戻り値

項目	説明
async def	この関数が非同期関数であることを示します。非同期関数は、重いI/O操作（例えば、データベースアクセス）を他の処理をブロックせずに実行するために使用されます
db_session: AsyncSession	データベース操作を行うためのセッションオブジェクトです。このセッションを使用してデータベースにアクセスします
-> list[memo_model. Memo]	この関数が、memo_model.Memo 型のオブジェクトのリストを返すことを示します

32〜38行目は「ドキュメントストリング」です。引数 (Args) と戻り値 (Returns) の説明が含まれる関数の説明をしています。

40〜41行目は「データベースから全てのメモを取得」します。詳細を**表11.11**に示します。

表11.11 データベースから全てのメモを取得

コード	説明
await db_session. execute(select(memo_ model.Memo))	データベースから全てのメモを選択するSQLクエリを実行します。この操作は非同期で行われ、完了するまで待機します
result.scalars().all()	クエリの結果をスカラー値（メモオブジェクト）として取得し、全ての結果をリストとして返します。scalars() メソッドは、クエリ結果の各行を個別のメモオブジェクトとして抽出し、all() メソッドは、全てのメモオブジェクトをリストとして返します

43行目で関数の戻り値として、全てのメモオブジェクトをリストとして返します。

○「1件取得」関数

リスト11.11の45〜62行目「特定のメモを取得する」関数です。各処理を分けて説明していきます。

リスト11.11 memo.py④（1件取得）

```
045:    # 1件取得
046:    async def get_memo_by_id(db_session: AsyncSession,
047:                            memo_id: int) -> memo_model.Memo | None:
048:        """
049:            データベースから特定のメモを1件取得する関数
050:            Args:
051:                db_session (AsyncSession): 非同期DBセッション
052:                memo_id (int): 取得するメモのID（プライマリキー）
053:            Returns:
054:                Memo | None: 取得されたメモのモデル、メモが存在しない場合はNoneを返す
055:        """
056:        print("=== 1件取得：開始 ===")
057:        result = await db_session.execute(
058:            select(memo_model.Memo).where(memo_model.Memo.memo_id == memo_id))
059:        memo = result.scalars().first()
060:        print(">>> データ取得完了")
061:        return memo
062:
```

46〜47行目は「関数定義と引数と戻り値」です。詳細を**表11.12**に示します。

表11.12 関数定義と引数と戻り値

項目	説明
async def	この関数が非同期関数であることを示します。非同期関数は、重いI/O操作（例えば、データベースアクセス）を他の処理をブロックせずに実行するために使用されます
db_session: AsyncSession	データベース操作を行うためのセッションオブジェクトです。このセッションを使用してデータベースにアクセスします
memo_id: int	取得するメモのID（プライマリキー）を指定する引数です
-> memo_model.Memo | None:	この関数が、memo_model.Memo型のオブジェクトを返すことを示します。オブジェクトが存在しない場合はNoneを返します

48〜55行目は「ドキュメントストリング」です。引数（Args）と戻り値（Returns）の説明が含まれる関数の説明をしています。

57〜59行目は「データベースから指定されたIDに対応するメモを取得」します。詳細を**表11.13**に示します。

表11.13 データベースから指定されたIDに対応するメモを取得

コード	説明
await db_session. execute(select(memo_model. Memo).where(memo_model.Memo. memo_id == memo_id))	データベースから指定されたIDを持つメモを選択するSQLクエリを実行します。この操作は非同期で行われ、クエリが完了するまで待機します
memo = result.scalars().first()	クエリの結果をスカラー値(メモオブジェクト)として取得し、最初の1件を取得します。結果が存在しない場合は None を返します。scalars() メソッドは、クエリ結果の各行を個別のメモオブジェクトとして抽出します

61行目で関数の戻り値として、特定のメモオブジェクトを返します。

○ 「更新」関数

リスト11.12の63〜88行目「メモを更新する」関数です。各処理を分けて説明していきます。

リスト11.12 memo.py ⑤ (更新処理)

```
063:    # 更新処理
064:    async def update_memo(
065:            db_session: AsyncSession,
066:            memo_id: int,
067:            target_data: memo_schema.InsertAndUpdateMemoSchema) -> memo_model.Memo | None:
068:        """
069:            データベースのメモを更新する関数
070:            Args:
071:                db_session (AsyncSession): 非同期DBセッション
072:                memo_id (int): 更新するメモのID(プライマリキー)
073:                target_data (InsertAndUpdateMemoSchema): 更新するデータ
074:            Returns:
075:                Memo | None: 更新されたメモのモデル、メモが存在しない場合はNoneを返す
076:        """
077:        print("=== データ更新:開始 ===")
078:        memo = await get_memo_by_id(db_session, memo_id)
079:        if memo:
080:            memo.title = target_data.title
081:            memo.description = target_data.description
082:            memo.updated_at = datetime.now()
083:            await db_session.commit()
084:            await db_session.refresh(memo)
085:            print(">>> データ更新完了")
086:
087:        return memo
088:
```

64〜67行目は「関数定義と引数と戻り値」です。詳細を**表11.14**に示します。

表11.14 関数定義と引数と戻り値

項目	説明
async def	この関数が非同期関数であることを示します。非同期関数は、重い I/O 操作（例えば、データベースアクセス）を他の処理をブロックせずに実行するために使用されます
db_session: AsyncSession	データベース操作を行うためのセッションオブジェクトです。このセッションを使用してデータベースにアクセスします
memo_id: int	更新するメモの ID（プライマリキー）を指定する引数です
target_data: memo_schema. InsertAndUpdateMemoSchema	更新するデータを持つオブジェクトです。このオブジェクトには、新しいタイトルや説明などが含まれています
-> memo_model.Memo	None:	この関数が、更新された memo_model.Memo 型のオブジェクトを返すことを示します。オブジェクトが存在しない場合は None を返します

68〜76行目は「ドキュメントストリング」です。引数 (Args) と戻り値 (Returns) の説明が含まれる関数の説明をしています。

78行目「memo = await get_memo_by_id(db_session, memo_id)」は、指定された ID のメモをデータベースから取得します。メモが存在しない場合は None を返します。

79〜84行目は「メモの更新」処理です。詳細を**表11.15**に示します。

表11.15 メモの更新

コード	説明
memo.title = target_data.title	引数で渡される target_data から取得した新しいタイトルで、既存のメモのタイトルを更新します
memo.description = target_data. description	引数で渡される target_data から取得した新しい詳細で、既存のメモの詳細を更新します
memo.updated_at = datetime. now()	更新日時を「現在の日時」に設定することで、メモがいつ更新されたかを記録します
await db_session.commit()	セッション内の全ての変更をデータベースに反映させるために、コミットします。これにより、メモの変更が確定します
await db_session.refresh(memo)	データベースから最新の情報を取得して、メモオブジェクトを更新します。 これにより、プログラム内で使用するデータが常に最新の状態であることが保証されます

87行目で関数の戻り値として、更新したメモオブジェクトを返します。

11-2 CRUD処理の作成

○「削除」関数

リスト11.13の89～108行目「メモを削除する」関数です。各処理を分けて説明していきます。

リスト11.13 memo.py⑥（削除処理）

```
089:    # 削除処理
090:    async def delete_memo(
091:            db_session: AsyncSession, memo_id: int
092:            ) -> memo_model.Memo | None:
093:        """
094:        データベースのメモを削除する関数
095:        Args:
096:            db_session (AsyncSession): 非同期DBセッション
097:            memo_id (int): 削除するメモのID (プライマリキー)
098:        Returns:
099:            Memo | None: 削除されたメモのモデル、メモが存在しない場合はNoneを返す
100:        """
101:        print("=== データ削除：開始 ===")
102:        memo = await get_memo_by_id(db_session, memo_id)
103:        if memo:
104:            await db_session.delete(memo)
105:            await db_session.commit()
106:            print(">>> データ削除完了")
107:
108:        return memo
```

90～92行目は「関数定義と引数と戻り値」です。詳細は**表11.16**を参照してください。

表11.16 関数定義と引数と戻り値

項目	説明
async def	この関数が非同期関数であることを示します。非同期関数は、重いI/O操作（例えば、データベースアクセス）を他の処理をブロックせずに実行するために使用されます
db_session: AsyncSession	データベース操作を行うためのセッションオブジェクトです。このセッションを使用してデータベースにアクセスします
memo_id: int	削除するメモのID（プライマリキー）を指定する引数です
-> memo_model.Memo | None:	この関数が、削除されたmemo_model.Memo型のオブジェクトを返すことを示します。オブジェクトが存在しない場合はNoneを返します

93～100行目は「ドキュメントストリング」です。引数（Args）と戻り値（Returns）の説明が含まれる関数の説明をしています。

102行目「memo = await get_memo_by_id(db_session, memo_id)」は、指定されたIDのメモをデータベースから取得します。メモが存在しない場合は None を返します。

103～105行目は「メモの削除」処理です。詳細は**表11.17**になります。

表11.17 メモの削除

コード	説明
await db_session.delete(memo)	データベースから対象のメモを削除します
await db_session.commit()	データベースに変更を保存します。これにより、メモの削除が確定します

108行目で関数の戻り値として、削除したメモオブジェクトを返します。

現時点までの「作業進捗」を**表11.18**に示します。

表11.18 11-2までの作業進捗

No	フォルダ	概要	進捗
1	cruds	データベース操作のロジック（作成、読み取り、更新、削除）を含む	11-2で作成済
2	frontapp	フロントエンドのアプリケーション（HTML、CSS、JavaScriptファイル）を含む	10-3で作成済
3	models	データベースのテーブル構造を反映するデータモデル（Pythonクラス）を定義	11-1で作成済
4	routers	アプリケーションの異なるAPIエンドポイントを定義	
5	schemas	リクエストとレスポンスで使用されるデータの形状（スキーマ）を定義するPydanticモデルを含む	10-2で作成済

Column │ 朝活のすすめ

　学習を継続するためには、モチベーションをいかに維持するかが重要です。特に忙しい日常の中で学習時間を確保するのは難しいこともあります。

　そんな中、朝活は非常に効果的な方法として注目されています。朝は脳がすっきりしていて、集中しやすく、また他の予定が入る前に自分の時間を確保できます。

　これにより、毎日少しずつでも着実に学習を進めることが可能です。

　さらに、学んだことをX（旧Twitter）などのSNSにポストすることで、日々の進捗を記録し、自分の努力を目に見える形で残すことができます。これが自己満足感や達成感を生み、学習のモチベーションを高める大きな助けとなります。

　モチベーション維持の一つの方法として考えてみてください。

Section

11-3 リファクタリング

ここでは、「7章 ルーティングの分割」で学習した「APIRouter」を利用して、ルーティングを分割するリファクタリングを実行します。

11-3-1 ルーティングの分割

☐ ルーティングの作成

作成したフォルダ：routers→ファイル：memo.pyに**リスト11.14〜リスト11.19**のコードを記述します。このコードは、「APIRouter」を使用してメモを管理するためのAPIエンドポイントの実装です。

各処理を分割して説明します。

● モジュールのインポート

リスト11.14の1〜5行目は、FastAPIとSQLAlchemyを使用して、メモのデータベース操作を行うための「必要なモジュールのインポート」です。**表11.19**に各モジュールについて説明します。

リスト11.14 memo.py①（ルーター）

```
001:    from fastapi import APIRouter, HTTPException, Depends
002:    from sqlalchemy.ext.asyncio import AsyncSession
003:    from schemas.memo import InsertAndUpdateMemoSchema, MemoSchema, ResponseSchema
004:    import cruds.memo as memo_crud
005:    import db
006:
007:    # ルーターを作成し、タグとURLパスのプレフィックスを設定
008:    router = APIRouter(tags=["Memos"], prefix="/memos")
009:
```

表11.19 インポートモジュールの詳細

モジュール	説明
fastapi	FastAPIは、Pythonで作成された高速なWebフレームワークです
APIRouter	FastAPIで複数のAPIエンドポイントをグループ化し、管理するためのクラスです
HTTPException	HTTPステータスコードとエラーメッセージを返すために使用します
Depends	依存関係を注入するための関数です
sqlalchemy.ext.asyncio	非同期操作をサポートするSQLAlchemyのモジュールです
AsyncSession	非同期データベースセッションを扱うクラスです
schemas.memo	データの構造（スキーマ）を定義するモジュールです
InsertAndUpdateMemoSchema	メモを作成または更新するためのデータ構造が定義されています
MemoSchema	メモのデータ構造が定義されています
ResponseSchema	APIのレスポンスデータ構造が定義されています
cruds.memo	メモに関するデータベース操作を行う関数が定義されています
db	データベースとの接続やセッションを管理するためのモジュールです

8行目「router = APIRouter(tags=["Memos"], prefix="/memos")」について**表11.20**で説明します。

表11.20 routerについて

項目	説明
APIRouter	FastAPIで複数のエンドポイントを管理するためのクラスです。これを使用することで、エンドポイントをまとめて定義して、アプリケーションに簡単に追加できます
tags	APIドキュメント（Swagger UI）でエンドポイントをグループ化するために使用します。ここでは「Memos」というタグを使用しています。Swagger UIの画面上で確認できます
prefix	各エンドポイントのURLに共通の「プレフィックス」を設定します。ここでは「/memos」がプレフィックスとして設定されており、すべてのエンドポイントが「/memos」で始まるURLを持ちます

○ **新規登録エンドポイント（10〜24行目）**

リスト**11.15**は新規登録のエンドポイントになります。

リスト11.15 memo.py ②（新規登録）

```
010:    # =================================================
011:    # メモ用のエンドポイント
012:    # =================================================
013:    # メモ新規登録のエンドポイント
014:    @router.post("/", response_model=ResponseSchema)
015:    async def create_memo(memo: InsertAndUpdateMemoSchema,
```

```
016:                          db: AsyncSession = Depends(db.get_dbsession)):
017:        try:
018:            # 新しいメモをデータベースに登録
019:            await memo_crud.insert_memo(db, memo)
020:            return ResponseSchema(message="メモが正常に登録されました")
021:        except Exception as e:
022:            # 登録に失敗した場合、HTTP 400エラーを返す
023:            raise HTTPException(status_code=400, detail="メモの登録に失敗しました。")
024:
```

14行目「@router.post("/", response_model=ResponseSchema)」のエンドポイントは、新しいメモをデータベースに登録するためのものです。POSTリクエストを受け取り、データベースセッションを使用してメモを登録します。成功した場合は成功メッセージを返し、失敗した場合はエラーメッセージを返します。

15～16行目は「関数定義」、17～23行目は「処理の内容」です。詳細を**表11.21**、**表11.22**に示します。

表11.21　関数定義の詳細

項目	説明
async def	非同期関数として定義されています。非同期関数は、データベースアクセスのような重いI/O操作を他の処理をブロックせずに実行するために使用されます
memo: InsertAndUpdateMemoSchema	引数：新しいメモのデータを持つオブジェクトです。このオブジェクトには、メモのタイトルや内容などが含まれています
db: AsyncSession = Depends(db. get_dbsession)	引数：データベース操作を行うための非同期セッションオブジェクトです。Depends(db.get_dbsession) を使用して、依存関係注入によりデータベースセッションを取得します

表11.22　処理の内容の詳細

コード	説明
tryブロック	新しいメモをデータベースに登録する処理を試みます。tryブロック内のコードでエラーが発生した場合exceptブロックへ移動します
await memo_crud.insert_ memo(db, memo)	memo_crud モジュールの insert_memo 関数を非同期に呼び出して、新しいメモをデータベースに追加します。非同期関数はawaitを使用して呼び出します
return ResponseSchema(message=" メモが正常に登録されました")	メモの登録が成功した場合、成功メッセージを含む ResponseSchema 型のレスポンスを返します。このメッセージは、クライアントにメモが正常に登録されたことを知らせます
exceptブロック	メモの登録に失敗した場合のエラーハンドリングを行います。try ブロック内でエラーが発生した場合、このブロックが実行されます
raise HTTPException(status_ code=400, detail="メモの登録に失敗しました。")	登録に失敗した場合、HTTP 400 エラー（Bad Request）を返します。エラーメッセージには、クライアントに登録失敗の理由を知らせる文字を設定します

メモ情報全件取得エンドポイント（25〜31行目）

リスト11.16はメモ情報全件取得のエンドポイントになります。

リスト11.16 memo.py③（全件取得）

```
025:    # メモ情報全件取得のエンドポイント
026:    @router.get("/", response_model=list[MemoSchema])
027:    async def get_memos_list(db: AsyncSession = Depends(db.get_dbsession)):
028:        # 全てのメモをデータベースから取得
029:        memos = await memo_crud.get_memos(db)
030:        return memos
031:
```

26行目「@router.get("/", response_model=list[MemoSchema])」のエンドポイントは、データベースから全てのメモを取得するためのものです。GETリクエストを受け取り、データベースセッションを使用してメモを取得し、取得したメモのリストを返します。

27行目は「関数定義」、28〜30行目は「処理の内容」です。それぞれの詳細を**表11.23**、**表11.24**に示します。

表11.23 関数定義詳細

項目	説明
async def	非同期関数として定義されています。非同期関数は、データベースアクセスのような重いI/O操作を他の処理をブロックせずに実行するために使用されます
db: AsyncSession = Depends(db.get_dbsession)	引数：データベース操作を行うための非同期セッションオブジェクトです。Depends(db.get_dbsession) を使用して、依存関係注入によりデータベースセッションを取得します

表11.24 処理の内容詳細

コード	説明
memos = await memo_crud.get_memos(db)	memo_crud モジュールの get_memos 関数を呼び出して、データベースから全てのメモを非同期で取得します
return memos	取得したメモのリストを返します

特定のメモ情報取得エンドポイント（32〜42行目）

リスト11.17は特定のメモ情報取得のエンドポイントになります。

11-3 リファクタリング

リスト11.17 memo.py ④（1件取得）

```
032:    # 特定のメモ情報取得のエンドポイント
033:    @router.get("/{memo_id}", response_model=MemoSchema)
034:    async def get_memo_detail(memo_id: int,
035:                              db: AsyncSession = Depends(db.get_dbsession)):
036:        # 指定されたIDのメモをデータベースから取得
037:        memo = await memo_crud.get_memo_by_id(db, memo_id)
038:        if not memo:
039:            # メモが見つからない場合、HTTP 404エラーを返す
040:            raise HTTPException(status_code=404, detail="メモが見つかりません")
041:        return memo
042:
```

33行目「@router.get("/{memo_id}", response_model=MemoSchema)」のエンドポイントは、指定されたIDのメモをデータベースから取得するためのものです。GETリクエストを受け取り、データベースセッションを使用してメモを取得し、取得したメモを返します。メモが存在しない場合はHTTP 404エラーを返します。

34〜35行目は「関数定義」、36〜41行目は「処理の内容」です。それぞれの詳細を**表11.25**、**表11.26**に示します。

表11.25 関数定義詳細

項目	説明
async def	非同期関数として定義されています。非同期関数は、データベースアクセスのような重いI/O操作を他の処理をブロックせずに実行するために使用されます
memo_id: int	引数：取得対象のメモのID（整数）をパラメータとして渡します。このIDを使用して特定のメモをデータベースから識別します
db: AsyncSession = Depends(db.get_dbsession)	引数：データベース操作を行うための非同期セッションオブジェクトです。Depends(db.get_dbsession)を使用して、依存関係注入によりデータベースセッションを取得します

表11.26 処理の内容詳細

コード	説明
memo = await memo_crud.get_memo_by_id(db, memo_id)	memo_crudモジュールのget_memo_by_id関数を非同期に呼び出して、指定されたIDのメモをデータベースから取得します。非同期関数はawaitを使用して呼び出します
if not memo:	取得したメモが存在しない場合のエラーチェックを行います。メモがNoneまたは空の場合、このブロックが実行されます
raise HTTPException(status_code=404, detail="メモが見つかりません")	メモが見つからない場合、HTTP 404エラー（Not Found）を返します。このエラーメッセージは、クライアントにメモが見つからなかったことを知らせます
return memo	取得したメモを返します。これにより、クライアントは指定されたIDのメモの詳細情報を受け取ることができます

215

特定のメモ情報を更新エンドポイント（43〜53行目）

リスト**11.18**は特定のメモ情報の更新エンドポイントになります。

リスト11.18 memo.py⑤（更新処理）

```
043:    # 特定のメモを更新するエンドポイント
044:    @router.put("/{memo_id}", response_model=ResponseSchema)
045:    async def modify_memo(memo_id: int, memo: InsertAndUpdateMemoSchema,
046:                    db: AsyncSession = Depends(db.get_dbsession)):
047:        # 指定されたIDのメモを新しいデータで更新
048:        updated_memo = await memo_crud.update_memo(db, memo_id, memo)
049:        if not updated_memo:
050:            # 更新対象が見つからない場合、HTTP 404エラーを返す
051:            raise HTTPException(status_code=404, detail="更新対象が見つかりません")
052:        return ResponseSchema(message="メモが正常に更新されました")
053:
```

44行目「@router.put("/{memo_id}", response_model=ResponseSchema)」のエンドポイント
は、指定されたIDのメモを新しいデータで更新するためのものです。PUTリクエストを受け取り、
データベースセッションを使用してメモを更新し、更新が成功した場合は成功メッセージを返し
ます。メモが存在しない場合はHTTP 404エラーを返します。

45〜46行目は「関数定義」、47〜52行目は「処理の内容」です。詳細を**表11.27**、**表11.28**に
示します。

表11.27 関数定義詳細

項目	説明
async def	非同期関数として定義されています。非同期関数は、データベースアクセスのような重いI/O操作を他の処理をブロックせずに実行するために使用されます
memo_id: int	引数：更新対象のメモID（整数）をパラメータとして渡します。このIDを使用して特定のメモをデータベースから識別します
memo: InsertAndUpdateMemoSchema	更新するメモのデータを持つオブジェクトを受け取ります。このオブジェクトには、新しいタイトルや詳細情報が含まれています
db: AsyncSession = Depends(db.get_dbsession)	データベース操作を行うための非同期セッションオブジェクトです。Depends(db.get_dbsession)を使用して、依存関係注入によりデータベースセッションを取得します

11-3 リファクタリング

表11.28 処理の内容詳細

コード	説明
updated_memo = await memo_crud.update_memo(db, memo_id, memo)	memo_crud モジュールの update_memo 関数を非同期に呼び出して、指定された ID のメモを新しいデータで更新します。非同期関数は await を使用して呼び出します
if not updated_memo:	更新対象のメモが存在しない場合のエラーチェックを行います。メモが None または空の場合、このブロックが実行されます
raise HTTPException(status_code=404, detail="更新対象が見つかりません")	更新対象が見つからない場合、HTTP 404 エラー（Not Found）を返します。このエラーメッセージは、クライアントにメモが見つからなかったことを知らせます
return ResponseSchema(message="メモが正常に更新されました")	メモの更新が成功した場合、成功メッセージを含む ResponseSchema 型のレスポンスを返します。これにより、クライアントは更新の成功を確認できます

○ 特定のメモ情報を削除エンドポイント（54～63行目）

リスト11.19は特定のメモ情報を削除するエンドポイントになります。

リスト11.19 memo.py ⑥（削除処理）

```
054:    # 特定のメモを削除するエンドポイント
055:    @router.delete("/{memo_id}", response_model=ResponseSchema)
056:    async def remove_memo(memo_id: int,
057:                          db: AsyncSession = Depends(db.get_dbsession)):
058:        # 指定されたIDのメモをデータベースから削除
059:        result = await memo_crud.delete_memo(db, memo_id)
060:        if not result:
061:            # 削除対象が見つからない場合、HTTP 404エラーを返す
062:            raise HTTPException(status_code=404, detail="削除対象が見つかりません")
063:        return ResponseSchema(message="メモが正常に削除されました")
```

55行目「@router.delete("/{memo_id}", response_model=ResponseSchema)」のエンドポイントは、指定されたIDのメモをデータベースから削除するためのものです。DELETEリクエストを受け取り、データベースセッションを使用してメモを削除し、削除が成功した場合は成功メッセージを返します。メモが存在しない場合はHTTP 404エラーを返します。

56～57行目は「関数定義」、58～63行目は「処理の内容」です。詳細を**表11.29**、**表11.30**に示します。

11

スキーマ駆動開発（バックエンド）

表11.29 関数定義詳細

項目	説明
async def	非同期関数として定義されています。非同期関数は、データベースアクセスのような重いI/O操作を他の処理をブロックせずに実行するために使用されます
memo_id: int	引数：削除対象のメモのID（整数）をパラメータとして渡します。このIDを使用して特定のメモをデータベースから識別します
db: AsyncSession = Depends(db.get_dbsession)	引数：データベース操作を行うための非同期セッションオブジェクトです。Depends(db.get_dbsession)を使用して、依存関係注入によりデータベースセッションを取得します

表11.30 処理の内容詳細

コード	説明
result = await memo_crud.delete_memo(db, memo_id)	memo_crudモジュールのdelete_memo関数を非同期に呼び出して、指定されたIDのメモをデータベースから削除します。非同期関数はawaitを使用して呼び出します
if not result:	削除対象のメモが存在しない場合のエラーチェックを行います。メモがNoneまたは空の場合、このブロックが実行されます
raise HTTPException(status_code=404, detail="削除対象が見つかりません")	削除対象が見つからない場合、HTTP 404エラー（Not Found）を返します。このエラーメッセージは、クライアントにメモが見つからなかったことを知らせます
return ResponseSchema(message="メモが正常に削除されました")	メモの削除が成功した場合、成功メッセージを含むResponseSchema型のレスポンスを返します。これにより、クライアントは削除の成功を確認できます

現時点までの「作業進捗」を**表11.31**に示します。

表11.31 11-3までの作業進捗

No	フォルダ	概要	進捗
1	cruds	データベース操作のロジック（作成、読み取り、更新、削除）を含む	11-2で作成済
2	frontapp	フロントエンドのアプリケーション（HTML、CSS、JavaScriptファイル）を含む。	10-3で作成済
3	models	データベースのテーブル構造を反映するデータモデル（Pythonクラス）を定義。	11-1で作成済
4	routers	アプリケーションの異なるAPIエンドポイントを定義	11-3で作成済
5	schemas	リクエストとレスポンスで使用されるデータの形状（スキーマ）を定義するPydanticモデルを含む	10-2で作成済

11-3 リファクタリング

11-3-2 リファクタリングの実施

☐ main.pyの修正

フォルダ：fast_api_memoapp直下のファイル：main.pyを修正します。修正内容を**リスト 11.20**のコードを記述します。

リスト11.20 **main.py**

```
001:  from fastapi import FastAPI
002:  from fastapi.middleware.cors import CORSMiddleware
003:  from fastapi.responses import JSONResponse
004:  from pydantic import ValidationError
005:  from routers.memo import router as memo_router
006:
007:  # =================================================
008:  # 起動ファイル
009:  # =================================================
010:  app = FastAPI()
011:
012:  # CORS設定
013:  app.add_middleware(
014:      CORSMiddleware,
015:      # 許可するオリジンを指定
016:      allow_origins=["http://127.0.0.1:5500"],
017:      # 認証情報を含むリクエストを許可
018:      allow_credentials=True,
019:      # 許可するHTTPメソッドを指定
020:      allow_methods=["*"],
021:      # 許可するHTTPヘッダーを指定
022:      allow_headers=["*"],
023:  )
024:
025:  # ルーターのマウント
026:  app.include_router(memo_router)
027:
028:  # バリデーションエラーのカスタムハンドラ
029:  @app.exception_handler(ValidationError)
030:  async def validation_exception_handler(exc: ValidationError):
031:      # ValidationErrorが発生した場合にクライアントに返すレスポンス定義
032:      return JSONResponse(
033:          # ステータスコード422
034:          status_code=422,
035:          # エラーの詳細
036:          content={
037:              # Pydanticが提供するエラーのリスト
038:              "detail": exc.errors(),
```

```
039:                    # バリデーションエラーが発生した時の入力データ
040:                    "body": exc.model
041:              }
042:        )
```

13〜23行目は「CORS」の設定です（コラム参照）。CORSの設定項目を**表11.32**に示します。

表11.32 CORSの設定項目

設定項目	説明
CORSMiddleware	FastAPIアプリケーションにCORSミドルウェアを追加します
allow_origins= ["http://127.0.0.1:5500"]	リクエストを許可するオリジン（URL）を指定します。この例では、http://127.0.0.1:5500 からのリクエストを許可しています
allow_credentials=True	クッキーや認証情報を含むリクエストを許可します
allow_methods=["*"]	許可するHTTPメソッドを指定します。この例では、すべてのHTTPメソッド（GET, POST, PUT, DELETE など）を許可します
allow_headers=["*"]	許可するHTTPヘッダーを指定します。この例では、すべてのヘッダーを許可します

26行目「app.include_router(memo_router)」では、5行目でインポートしているrouter(別名設定：memo_router)をアプリケーションにマウントして、エンドポイントを追加しています。

ルーティング処理を「11-3-1 ルーティングの分割」で作成したファイルに委譲したことでmain.pyがすっきりしました。

これでバックエンドの作成が完了しました、書籍中では割愛しますが、バックエンドのサーバーを「uvicorn main:app --reload」で起動後、ブラウザのURLに「http://127.0.0.1:8000/docs」を打ち込み、各エンドポイントの動作確認を実施し、問題ないことを確認してバックエンドの作業が完了となります。

現時点でのスキーマ駆動開発の進捗イメージを**図11.4**に示します。

図11.4 進捗イメージ

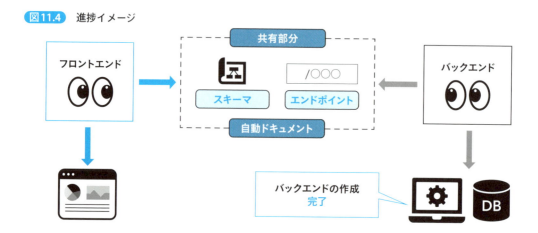

Section 11-4 動作確認

スキーマ駆動開発でのフロントエンド作成、バックエンド作成が完了したので最後に動作確認を行います。

11-4-1 サーバー起動

□ フロントエンドの起動

フォルダ：frontapp→ファイル：index.htmlをダブルクリックし（図11.5）、エディタを表示後、右下に表示される「Go Live」をクリックします（図11.6）。

図11.5 Live Server起動1

図11.6 Live Server起動2

「Live Server」が起動され、自動的にブラウザが立ち上がり、アドレスバーに「http://127.0.0.1:5500/fast_api_memoapp/frontapp/index.html」が設定され、作成したフロントエンドのWebページが表示されます（図11.7）。

図11.7 フロントエンド

■ バックエンドの起動

フォルダ「fast_api_memoapp」を選択し、右クリックして表示されるダイアログにて「統合ターミナルで開く」を選択し、ターミナルを表示させます。選択したプロジェクトがカレントディレクトリに指定されたターミナルで以下のコマンドを実行します。

```
uvicorn main:app --reload
```

11-4-2 動作確認の実施

■ 新規登録処理の確認

フロントエンドの画面にて「タイトル：外食する、詳細：焼肉を食べに行く」と入力後、「新規登録」ボタンをクリックします（**図11.8**）。

図11.8 新規登録①

ダイアログに登録に成功したメッセージが表示されます（**図11.9**）。

図11.9 新規登録②

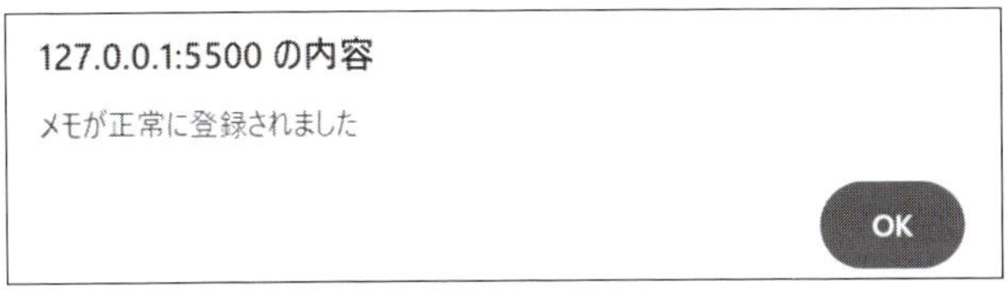

127.0.0.1:5500 の内容

メモが正常に登録されました

OK

一覧に登録したデータが反映されます（**図11.10**）。

図11.10 新規登録③

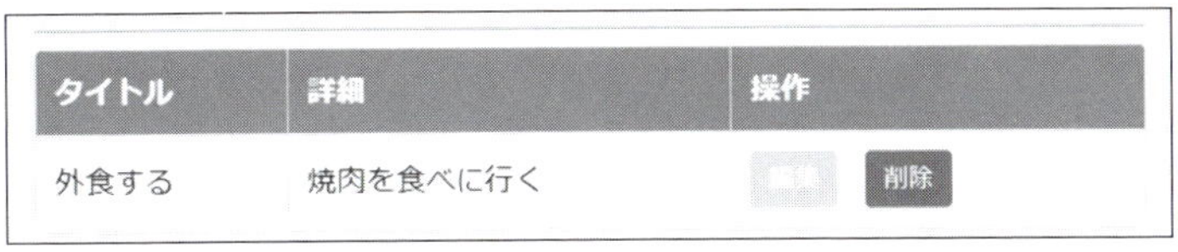

タイトル	詳細	操作
外食する	焼肉を食べに行く	削除

更新処理の確認

フロントエンドの画面→一覧→「編集」ボタンをクリックすると、入力エリアが編集用に変わります（**図11.11**）。

図11.11 更新処理①

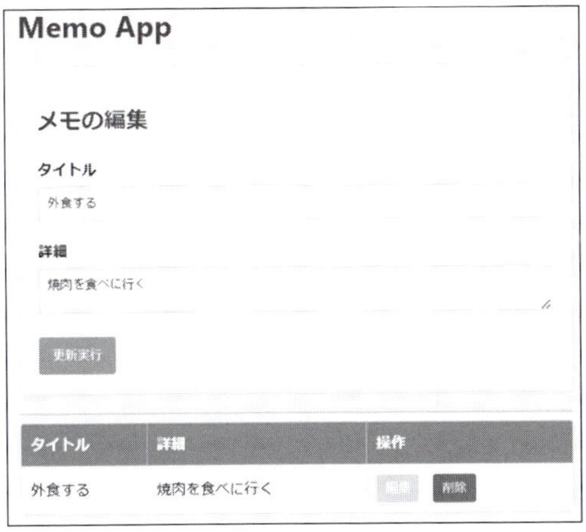

Memo App

メモの編集

タイトル

外食する

詳細

焼肉を食べに行く

更新実行

タイトル	詳細	操作
外食する	焼肉を食べに行く	削除

入力エリアにて「タイトル：外食する」→「タイトル：外食する（金曜日）」、「詳細：焼肉を食べに行く」→「詳細：池袋へ焼肉を食べに行く」と修正後、「更新実行」ボタンをクリックします（**図11.12**）。

図11.12 更新処理②

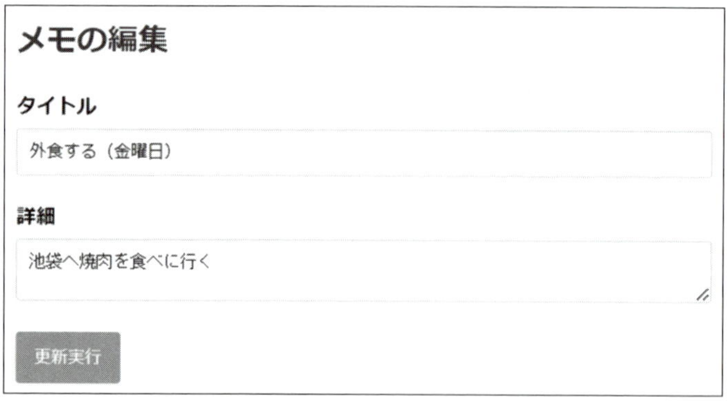

ダイアログに更新に成功したメッセージが表示されます（**図11.13**）。

図11.13 更新処理③

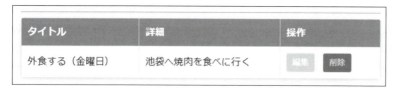

一覧に更新したデータが反映されます（**図11.14**）。

図11.14 更新処理④

削除処理の確認

フロントエンドの画面→一覧→「削除」ボタンをクリックすると、ダイアログに削除に成功したメッセージが表示されます（**図11.15**）。

図11.15 削除処理①

一覧から削除したデータが消えます（図11.16）。

図11.16 削除処理②

異常処理の確認

フロントエンドの画面にて適当なデータを登録しておきます。ここでは「タイトル：テスト、詳細：異常系」と入力しました（図11.17）。

図11.17 異常系①

フロントエンドの画面→一覧→「編集」ボタンをクリックすると、入力エリアが編集用に変わった後、タイトルを空白に変更し、「更新実行」ボタンをクリックします。ダイアログに入力内容に不備があるメッセージが表示されます（図11.18）。

図11.18 異常系③

現時点でのスキーマ駆動開発の進捗イメージを以下に示します。

図11.29 進捗イメージ

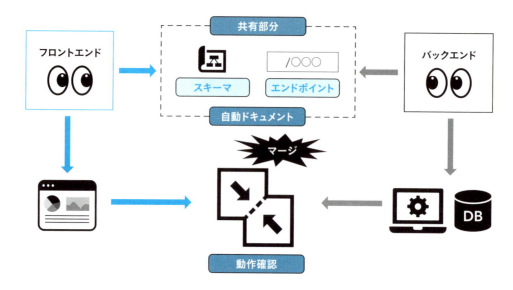

　簡易なアプリケーションではありますが、フレームワークにFastAPIを利用してスキーマ駆動開発でアプリケーションを作成することができました。このアプリケーション作成を通じて少しでもAPI連携の仕組みやスキーマ駆動開発の利点について理解が深まり、今後の開発に役立つ知識を得ていただけたならば幸いです。

> **Column | CORS（Cross-Origin Resource Sharing）とは？**
>
> 　CORSは、Webブラウザが異なるドメインからのリクエストを許可する方法を決める仕組みです。通常、セキュリティのため、ブラウザは異なるオリジン（ドメイン、プロトコル、ポートが異なるURL）からのリソースの共有を制限しています。これを「同一オリジンポリシー」といいます。CORSを使用することで、この制限を緩和し、特定の条件下で他のオリジンからのリクエストを許可できます。
>
> 　CORSMiddlewareは、FastAPIなどのWebフレームワークにおいて、CORS（Cross-Origin Resource Sharing）を管理するために使用されるミドルウェアです。CORSは、Webブラウザが異なるオリジン（ドメイン、プロトコル、ポートが異なるURL）からのリクエストをどのように扱うかを制御します。

Appendix

今後の発展のために

A-1 複雑なスキーマの検討

A-2 動作確認

A-3 メモアプリのカスタマイズ

A-4 サンプルファイルの使用方法

Section A-1 複雑なスキーマの検討

今までは、サンプルプロジェクト全般に簡単なスキーマ（データの構造）を使っていましたが、**Appendix**として複雑なスキーマの受け渡し方法を考えてみましょう。

A-1-1 スキーマとクラス

01 JSONデータの構造の把握

最初に、受け取るスキーマ（JSONデータ）の全体像を把握することが重要です。データがどのような情報を含んでいるのかを確認し、それぞれがどのように関連しているのか（親子関係、配列、ネストなど）を理解します。

今回は以下の「ユーザー情報、資格情報（リスト）、住所情報（オブジェクト）」が含まれているスキーマを考えます（**リストA.1**）。

リストA.1 JSONデータ

```
001: {
002:   "user_id": 1,
003:   "user_name": "田中太郎",
004:   "qualifications": [
005:     {"qualification_id": 101, "qualification_name": "資格A"},
006:     {"qualification_id": 102, "qualification_name": "資格B"}
007:   ],
008:   "address": {
009:     "city": "東京",
010:     "postal_code": "123-4567"
011:   }
012: }
```

02 各データをクラスに分離

「JSONデータ」の各部分に対応するクラスを作成します。まず、大きなデータの枠組みを分け、それぞれに対してクラスを設計します（**表A.1**）。

表A.1 クラス分け

区分け	データ	対応クラス	備考
大項目	ユーザー情報	Userクラス	大枠のデータ
中項目	資格情報	Qualificationクラス	リストで複数の「資格情報」を保持
	住所情報	Addressクラス	「住所情報」は1つのオブジェクト

A-1-2 サンプルプログラムの作成

プロジェクトフォルダとファイルの作成

「1-4-3 ハンズオン環境の作成」で作成した「C:¥work_fastapi」ディレクトリに、今回作成するプログラム用のプロジェクトフォルダを作成します。

VSCode画面にて「新しいフォルダを作る」アイコンをクリックし、フォルダ「appendix」を作成し、作成したフォルダを選択後「新しいファイルを作る」アイコンをクリックし、ファイル「main.py」と「schemas.py」を作成します（図A.1）。

図A.1 フォルダとファイルの作成

PydanticやBaseModelを使ってクラスの定義

FastAPIでは、PydanticのBaseModelを使ってデータモデル（スキーマ）を定義します。「schemas.py」に表A.1で決めた各クラスを作成し、それぞれのフィールドを定義します（リストA.2）。

リストA.2 schemas.py

```
001: from pydantic import BaseModel
002:
003: # 資格情報のクラス
004: class Qualification(BaseModel):
005:     qualification_id: int        # 資格ID
006:     qualification_name: str      # 資格名
007:
008: # 住所情報のクラス
009: class Address(BaseModel):
010:     city: str                    # 市区町村
011:     postal_code: str             # 郵便番号
012:
```

```
013:    # ユーザー情報のクラス
014:    class User(BaseModel):
015:        user_id: int                # ユーザーID
016:        user_name: str              # ユーザー名
017:        qualifications: list[Qualification] # 資格はリストで持つ
018:        address: Address                    # 住所はオブジェクト
```

　複雑なスキーマでは、1つのクラスが他のクラスを持つことがよくあります。例えば、ユーザーが資格情報を持つように、UserクラスにはQualificationクラスのリストを持たせます。また、ユーザーの住所はAddressクラスで定義されます。

☐ エンドポイントの作成

　「main.py」にFastAPIを使ってユーザー情報（資格と住所情報を含む）を受け取るAPIエンドポイントを記述します（**リストA.3**）。

リストA.3　main.py

```
001:    from fastapi import FastAPI
002:    from schemas import User
003:
004:    app = FastAPI()
005:
006:    # ユーザー情報（資格と住所情報を含む）JSONデータを受け取るエンドポイント
007:    @app.post("/users/")
008:    async def create_user(user: User) -> dict:
009:        # 受け取ったデータを表示する
010:        print("=== 受け取ったユーザー情報 ===")
011:        print("ユーザーID:", user.user_id)
012:        print("ユーザー名:", user.user_name)
013:        print("■ : 資格情報")
014:        for qualification in user.qualifications:
015:            print(f" - 資格ID: {qualification.qualification_id}, 資格名:
        {qualification.qualification_name}")
016:        print("■ : 住所情報")
017:        print(f" - 都道府県: {user.address.city}, 郵便番号: {user.address.postal_
        code}")
018:
019:        return {"message": "ユーザーと資格情報を受け取りました"}
```

　このコードは、実際にAPIを通してユーザー情報と関連データ（資格や住所）を一緒に受け取り、それをコンソールに表示します。

　プログラムの作成が完了しましたので、実際にサーバーを起動して動きを確認しましょう。

Section
A-2
動作確認

App

今後の発展のために

実際にクラスを使ってJSONデータを受け取ったり、生成したりして、意図通りに動作するか確認します。スキーマにエラーや不足があれば、必要に応じてクラスを修正しましょう。

A-2-1 サーバー起動

フォルダ「appendix」を選択し、右クリックして表示されるダイアログにて「統合ターミナルで開く」を選択し、ターミナルを表示させます。選択したプロジェクトがカレントディレクトリに指定されたターミナルで以下のコマンドを実行します。

```
uvicorn main:app --reload
```

サーバー起動後、ブラウザのURLに「http://127.0.0.1:8000/docs」を打ち込み、エンドポイントの動作確認を実施します。

リクエストを送る

「POST：/users/」画面の【∨】をクリックして、詳細表示にし「Try it out」ボタンをクリックすると、「Execute」ボタンが表示されます。

「Request body」の項目に、リスト A.1（再掲）を設定します（**図A.2**）。

リストA.1　JSONデータ（再掲）

```
001:  {
002:      "user_id": 1,
003:      "user_name": "田中太郎",
004:      "qualifications": [
005:          {"qualification_id": 101, "qualification_name": "資格A"},
006:          {"qualification_id": 102, "qualification_name": "資格B"}
007:      ],
008:      "address": {
009:          "city": "東京",
010:          "postal_code": "123-4567"
011:      }
012:  }
```

231

図A.2　Request body

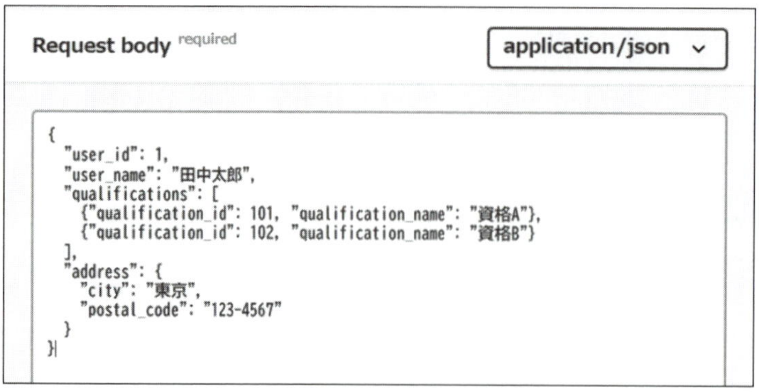

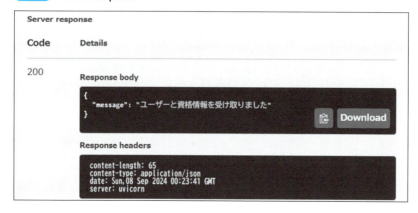

「Execute」ボタンをクリックします。「Server response」にステータスコード200とResponse bodyに設定したメッセージが表示され、無事リクエストで複雑なスキーマが届いたことが確認できます（図A.3）。

図A.3　Server response

VSCodeのターミナルを確認

VSCodeのターミナルを確認すると「ユーザー情報、資格情報（リスト）、住所情報（オブジェクト）」で構成される複雑なスキーマをAPIを通して、引数で受け取り、ターミナルに表示されたことを確認できます（図A.4）。

図A.4　ターミナル

Section

A-3 メモアプリのカスタマイズ

「複雑なスキーマ」の作成方法を学習したので、最後に10章～11章で作成したメモアプリに対して、「メモの状態を表すスキーマ」を追加してメモアプリをカスタマイズしたいと思います。

App

▼ 今後の発展のために

A-3-1 JSONデータの構造を把握する

最初に、登録・更新時に使用するサーバー側が受け取るスキーマ（JSONデータ）の全体像を把握します。今回は以下の「登録・更新で使用するスキーマ」の中に「メモの状態を表すスキーマ」が含まれるスキーマを考えます（**リストA.4**、**表A.2**）。

リストA.4 JSONデータ

```
001:  {
002:    "title": "明日のアジェンダ",
003:    "description": "会議で話すトピック：プロジェクトの進捗状況",
004:    "status": {
005:      "priority": "高",
006:      "due_date": "2023-10-01T00:00:00",
007:      "is_completed": false
008:    }
009:  }
```

表A.2 JSONデータのポイント

大項目	中項目	備考
title		メモのタイトル（必須項目）
description		メモの詳細説明（任意項目）
status	priority	優先度（例："高"）
	due_date	期限日（例："2023-10-01T00:00:00"、期限日がない場合はnull）
	is_completed	メモが完了しているかどうかを示すフラグ（例：false）

233

A-3-2 手順

JSONデータの構造がわかったので、以下の手順でカスタマイズしていきます（**図A.5**）。

① 新しいスキーマを定義する
② 既存のスキーマに統合する
③ DBモデルにフィールドを追加する
④ CRUD処理を修正する
⑤ フロントエンドを更新する
⑥ 動作確認する

図A.5 手順

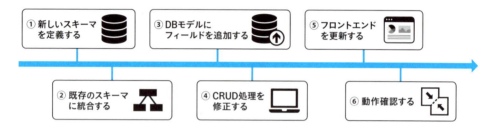

登録・更新処理（バックエンド）

新しいスキーマを定義する＆既存のスキーマに統合する

手順①と②を実施します。フォルダ：schemas→ファイル：memo.pyに**リストA.5**のコードを追記・修正します（スキーマ）。

リストA.5 memo.py

```
001: from pydantic import BaseModel, Field
002: from datetime import datetime              # 追加
003:
004: # ==================================================
005: # スキーマ定義
006: # ==================================================
007: # ▽▽▽ 追加 ▽▽▽
008: # メモの状態を表すスキーマ
009: class MemoStatusSchema(BaseModel):
010:     priority: str = Field(..., description="優先度", example="高")
011:     due_date: datetime | None = Field(None,
012:                             description="メモの期限日、設定されていない場合はNone",
013:                             example="2023-10-01T00:00:00")
014:     is_completed: bool = Field(False, description="メモが完了したかどうかを示すフラグ",
     example=False)
```

```
015:     # △△△ 追加 △△△
016:
017:     # 登録・更新で使用するスキーマ
018:     class InsertAndUpdateMemoSchema(BaseModel):
019:         # メモのタイトル。このフィールドは必須です。
020:         title: str = Field(...,
021:                           description="メモのタイトルを入力してください。少なくとも1文字以上必要です。",
022:                           example="明日のアジェンダ", min_length=1)
023:         # メモの詳細説明。このフィールドは任意で入力可能です。
024:         description: str = Field(default="",
025:                           description="メモの内容についての追加情報。任意で記入できます。",
026:                           example="会議で話すトピック：プロジェクトの進捗状況")
027:         # ▽▽▽ 追加 ▽▽▽
028:         status: MemoStatusSchema = Field(..., description="メモの状態を表す情報")
029:         # △△△ 追加 △△△
030:
```

2行目「from datetime import datetime」は、Pythonの標準ライブラリであるdatetimeモジュールからdatetimeクラスをインポートしています。datetimeクラスは、日付や時刻を扱うためのものです。これは期限日で使用します。

8行目〜14行目は「メモの状態を表すスキーマ」です（**表A.3**）。これは、「① 新しいスキーマを定義する」を指します。

表A.3 手順①の内容（**MemoStatusSchema**）

フィールド	内容
優先度 (priority)	"高"、"中"、"低"などの優先度を表す文字列
期限日 (due_date)	メモの期限日。指定しない場合はNoneになります
完了フラグ (is_completed)	メモが完了しているかどうかを表す（TrueまたはFalse）

17行目〜29行目は「登録・更新で使用するスキーマ」です（**表A.4**）。これは、「② 既存のスキーマに統合する」を指します。

表A.4 手順②の内容（**InsertAndUpdateMemoSchema**）

フィールド	内容
タイトル (title)	メモのタイトル。1文字以上必須です
詳細 (description)	メモの詳細情報。入力は任意です
状態 (status):	優先度や期限日、完了状態などのメモのステータス情報を表すMemoStatusSchemaを使用します

○ **DBモデルにフィールドを追加する**

手順③を実施します。フォルダ：models→ファイル：memo.pyのクラスMemo末尾にリス

ト **A.6**のコードを追記します。

リストA.6　**memo.py**

```
001:    from sqlalchemy import Column, Integer, String, DateTime, Boolean
002:    ・・・ 既存コード ・・・
003:    class Memo(Base):
004:        ・・・ 既存コード ・・・
005:        # ▽▽▽ MemoStatusSchemaのフィールド ▽▽▽
006:        # 優先度
007:        priority = Column(String(10), nullable=False)
008:        # 期限日
009:        due_date = Column(DateTime, nullable=True)
010:        # 完了フラグ
011:        is_completed = Column(Boolean, default=False)
012:        # △△△ MemoStatusSchemaのフィールド △△△
```

　追記部分は、メモの「状態」に関するフィールドをデータベースに保存するための定義です（**表 A.5**）。

表A.5　手順③の内容

フィールド	内容
priority (優先度)	String(10) は文字列型で最大10文字まで保存できることを示します。優先度（例: "高", "中", "低"）を表します。nullable=Falseは、このフィールドが必須であることを示します
due_date (期限日)	DateTime型で、日付と時刻を保存します。nullable=True なので、設定されていない場合は空のままでよいことを示します
is_completed (完了フラグ)	Boolean型で、True または False の値を持ちます。デフォルト値はFalseで、メモが完了していない状態を示します。Boolean型を使用するために、1行目でimportを実施しています

○ CRUD 処理を修正する

　手順④を実施します。フォルダ：cruds→ファイル：memo.pyの登録処理関数と更新処理関数に**リストA.7**のコードを修正します。

リストA.7　**memo.py**

```
001:    # 新規登録
002:    async def insert_memo(
003:            db_session: AsyncSession,
004:            memo_data: memo_schema.InsertAndUpdateMemoSchema) -> memo_model.Memo:
005:        ・・・ 既存コード ・・・
006:        # 修正：Memoモデルのインスタンスを作成
007:        new_memo = memo_model.Memo(
```

```
008:            title=memo_data.title,
009:            description=memo_data.description,
010:            # メモのステータス情報を取得（status 経由でアクセス）
011:            priority=memo_data.status.priority,              # 優先度
012:            due_date=memo_data.status.due_date,              # 期限
013:            is_completed=memo_data.status.is_completed       # 完了フラグ
014:        )
015:        db_session.add(new_memo)
016:        ・・・ 既存コード ・・・
017:
018:    # 更新処理
019:    async def update_memo(
020:            db_session: AsyncSession,
021:            memo_id: int,
022:            target_data: memo_schema.InsertAndUpdateMemoSchema) -> memo_model.Memo | None:
023:        ・・・ 既存コード ・・・
024:        memo = await get_memo_by_id(db_session, memo_id)
025:        if memo:
026:            memo.title = target_data.title
027:            memo.description = target_data.description
028:            memo.updated_at = datetime.now()
029:            # メモのステータス情報を更新（status 経由でアクセス）
030:            memo.priority = target_data.status.priority          # 優先度を更新
031:            memo.due_date = target_data.status.due_date          # 期限日を更新
032:            memo.is_completed = target_data.status.is_completed  # 完了フラグを更新
033:            await db_session.commit()
034:        ・・・ 既存コード ・・・
```

10行目〜13行目、29行目〜32行目で「登録・更新で使用するスキーマ」内のstatusから以下の情報を取得して、モデルクラス：Memoの属性に対応させています（**表A.6**）。

表A.6 手順④の内容

スキーマ（InsertAndUpdateMemoSchema）	モデルクラス（Memo）
status.priority	priority（メモの優先度）
status.due_date	due_date（期限日）
status.is_completed	is_completed（完了フラグ）

DBとテーブルの再作成

まずはDBをリセットして、再作成します（**図A.6**）。

* ファイル　　memodb.sqlite
* 実行手順　　削除

図A.6　memodb.sqlite

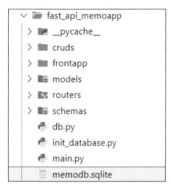

ファイルmemodb.sqliteを選択して、deleteボタンを押下してファイルを削除します。

ファイルmemodb.sqliteを削除後、ファイル：init_database.pyを選択し、右クリックして表示されるダイアログにて、「ターミナルでPythonファイルを実行する」をクリックします。

ファイルinit_database.pyと同じ階層にDBファイル：memodb.sqliteが作成されます。

○ Swagger UIでサーバー側の動作確認

ターミナルでカレントディレクトリを「fast_api_memoapp」に合わせ、以下のコマンドを実行し「Uvicorn」を起動します。

```
uvicorn main:app --reload
```

ブラウザのアドレスバーに「http://127.0.0.1:8000/docs」を入力することで「Swagger UI」にアクセスできます。

○ 各エンドポイントの確認

POST「memos」の【∨】をクリックして、詳細表示にします。「Try it out」ボタンをクリックし、「Request body」の例（Example）を使用して「Execute」ボタンをクリックします（図A.7）。

図A.7　POST確認

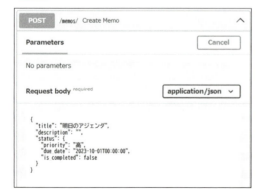

A-3 メモアプリのカスタマイズ

無事に登録処理が完了し、ファイル：memodb.sqliteにデータが反映されたことを確認できます（**図A.8**）。

図A.8 memodb.sqlite

memo...	title	description	created_at	updated_at	priority	due_date	is_compl...
1	明日のアジェンダ	~	2024-09-16...	NULL	高	2023-10-01...	0

次は、PUT「memos」の【∨】をクリックして、詳細表示にします。「Try it out」ボタンをクリックし、「Request body」のmemo_idに「1」、「Request body」をリストA.8に修正後、「Execute」ボタンをクリックします。

リストA.8 Request body

```
001:  {
002:    "title": "変更するアジェンダ",
003:    "description": "詳細な説明",
004:    "status": {
005:      "priority": "中",
006:      "due_date": "2023-10-01T00:00:00",
007:      "is_completed": true
008:    }
009:  }
```

無事に更新処理が完了し、ファイルmemodb.sqliteにデータが反映されたことを確認できます（**図A.9**）。

図A.9 memodb.sqlite

memo...	title	description	created_at	updated_at	priority	due_date	is_compl...
1	変更するアジェ...	詳細な説明	2024-09-16...	2024-09-16...	中	2023-10-01...	1

参照処理（バックエンド）

新しいスキーマを定義する＆既存のスキーマに統合する

手順①と②を実施します。今回、フロントエンド側のメモ一覧には、今まで表示していた「メモのタイトル」と「詳細」に加えて、新しく「優先度」、「期限日」、「完了」の情報も表示したいと考えています。「優先度」、「期限日」、「完了」はすでにInsertAndUpdateMemoSchemaクラスに追加しています。さ

239

らに、一覧表示に使っている MemoSchema クラスは、この InsertAndUpdateMemoSchema を継承しているため、これらの情報もすでに使用できる状態になっています。つまり、フロントエンドの一覧で新しく追加する情報は、既に準備が完了しています。

DB モデルにフィールドを追加する

手順③に関しても、モデルクラスである Memo に「優先度」、「期限日」、「完了」をフィールドとして持たしているため、既に準備が完了しています。

CRUD 処理を修正する

手順④を実施しますが、一覧取得処理関数と 1 件取得処理関数部分に修正は発生しません。修正する部分は、フロントエンドとやり取りする部分「routers」になります。

フォルダ routers →ファイル memo.py の一覧取得処理と 1 件取得処理関数に**リスト A.9** のコードを修正します。

リスト A.9　memo.py

```python
001:    from fastapi import APIRouter, HTTPException, Depends
002:    from sqlalchemy.ext.asyncio import AsyncSession
003:    from schemas.memo import InsertAndUpdateMemoSchema, MemoSchema, ResponseSchema,
        MemoStatusSchema
004:    import cruds.memo as memo_crud
005:    import db
006:        ・・・ 既存コード ・・・
007:    # メモ情報全件取得のエンドポイント
008:    @router.get("/", response_model=list[MemoSchema])
009:    async def get_memos_list(db: AsyncSession = Depends(db.get_dbsession)):
010:        # 全てのメモをデータベースから取得
011:        memos = await memo_crud.get_memos(db)
012:        # SQLAlchemyのメモオブジェクトをPydanticモデルに変換
013:        memos_pydantic = []
014:        for memo in memos:
015:            # MemoStatusSchema を作成
016:            status = MemoStatusSchema(
017:                priority=memo.priority,
018:                due_date=memo.due_date,
019:                is_completed=memo.is_completed
020:            )
021:            # MemoSchema を作成
022:            memo_pydantic = MemoSchema(
023:                memo_id=memo.memo_id,
024:                title=memo.title,
025:                description=memo.description,
026:                status=status
027:            )
028:            memos_pydantic.append(memo_pydantic)
```

```
029:        return memos_pydantic
030:
031:    # 特定のメモ情報取得のエンドポイント
032:    @router.get("/{memo_id}", response_model=MemoSchema)
033:    async def get_memo_detail(memo_id: int,
034:                            db: AsyncSession = Depends(db.get_dbsession)):
035:        # 指定されたIDのメモをデータベースから取得
036:        memo = await memo_crud.get_memo_by_id(db, memo_id)
037:        if not memo:
038:            # メモが見つからない場合、HTTP 404エラーを返す
039:            raise HTTPException(status_code=404, detail="メモが見つかりません")
040:        # MemoStatusSchema を作成
041:        status = MemoStatusSchema(
042:            priority=memo.priority,
043:            due_date=memo.due_date,
044:            is_completed=memo.is_completed
045:        )
046:        # MemoSchema を作成
047:        memo_pydantic = MemoSchema(
048:            memo_id=memo.memo_id,
049:            title=memo.title,
050:            description=memo.description,
051:            status=status
052:        )
053:        return memo_pydantic
054:        ・・・ 既存コード ・・・
```

10行目〜29行目の部分は、データベースからメモのリストを取得し、それをフロントエンド
に返すためにPydanticモデルのフォーマットに変換しています（**表A.7**）。

表A.7　手順④の内容1

手順	内容
メモデータの取得	データベースから全てのメモを取得します（memos = await memo_crud.get_memos(db)で実行）
変換の準備	メモのリストから1つずつメモを取り出して、変換を行います
MemoStatusSchemaの作成	各メモの優先度 (priority)、期限 (due_date)、完了状態 (is_completed) を MemoStatusSchema という形にまとめます。この部分はメモの状態を管理する役割です
MemoSchemaの作成	メモのIDやタイトル、詳細説明の他に、先ほど作成した MemoStatusSchema を使って MemoSchema という全体的なメモの構造にまとめます
変換後のデータをリストに追加	変換が終わったメモをリストに追加し、最後にそのリストを返します

35行目〜53行目の部分は、特定の1件のメモを取得して、Pydanticモデルに変換しています（**表A.8**）。

表A.8　手順④の内容2

手順	内容
特定のメモを取得	指定されたメモID (memo_id) に対応するメモをデータベースから取得します
MemoStatusSchemaの作成	メモの状態（優先度、期限、完了状態）を MemoStatusSchema にまとめます
MemoSchemaの作成	メモ全体の情報（ID、タイトル、説明）と、MemoStatusSchema を使って、1件のメモを MemoSchema に変換します
メモがない場合のエラー処理	メモが見つからなかった場合は、404エラーを返します

○ **Swagger UIでサーバー側の動作確認**

ターミナルでカレントディレクトリを「fast_api_memoapp」に合わせ、以下のコマンドを実行し「Uvicorn」を起動します。

```
uvicorn main:app --reload
```

ブラウザのアドレスバーに「http://127.0.0.1:8000/docs」を入力することで「Swagger UI」にアクセスできます。

○ **各エンドポイントの確認**

GET「memos」の確認のために、データをもう1件追加しておきます。

POST「memos」の【∨】をクリックして、詳細表示にします。「Try it out」ボタンをクリックし、「Request body」の例（Example）を使用して「Execute」ボタンをクリックします。ダミーデータの登録が完了したので、GET「memos」の【∨】をクリックして、詳細表示にします。「Try it out」ボタンをクリック後「Execute」ボタンをクリックします。複数件のデータが取得されたことを確認できます（**図A.10**）。

図A.10　GET確認

A-3 メモアプリのカスタマイズ

GET「memos/{memo_id}」の【∨】をクリックして、詳細表示にします。「Try it out」ボタンをクリックします。「memo_id」に「1」を設定後、「Execute」ボタンをクリックします。「memo_idが1」に対応する1件のデータが取得されたことを確認できます（**図A.11**）。

図A.11 GET確認

フロントエンドを更新する

バックエンド側が完了したので、フロントエンドを更新しましょう。手順⑤を実施します。

index.html

フォルダfrontapp→ファイルindex.htmlに**リストA.10**のコードを追記します。

リストA.10 index.html

```
001: ・・・ 既存コード ・・・
002: <div>
003:     <!-- 詳細入力フィールド -->
004:     <label for="description">詳細</label>
005:     <textarea id="description" placeholder="詳細を入力"></textarea>
006: </div>
007: <!-- ▽▽▽ 追加 ▽▽▽ -->
008: <div>
009:     <label for="priority">優先度</label>
010:     <select id="priority">
011:         <option value="低">低</option>
012:         <option value="中">中</option>
013:         <option value="高">高</option>
014:     </select>
015: </div>
016: <div>
017:     <label for="due_date">期限日</label>
018:     <input type="date" id="due_date">
019: </div>
```

```
020:  <div>
021:      <label for="is_completed">完了</label>
022:      <input type="checkbox" id="is_completed">
023:  </div>
024:  <!-- △△△ 追加 △△△ -->
025:  <div class="button-container">
026:      <!-- メモ新規登録ボタン -->
027:      <button type="submit">新規登録</button>
028:      <!-- 更新ボタン（初期状態では非表示） -->
029:      <button type="button" id="updateButton" style="display: none;">更新実行</button>
030:  </div>
031:  ・・・ 既存コード ・・・
032:   <!-- メモの一覧を表示するテーブル -->
033:      <table id="memos">
034:          <thead>
035:              <tr>
036:                  <th>タイトル</th>
037:                  <th>詳細</th>
038:                  <!-- ▽▽▽ 追加 ▽▽▽ -->
039:                  <th>優先度</th>
040:                  <th>期限日</th>
041:                  <th>完了</th>
042:                  <th>操作</th>
043:                  <!-- △△△ 追加 △△△ -->
044:              </tr>
045:          </thead>
```

8行目〜23行目、この追加部分では、メモの「優先度」、「期限日」、「完了状態」を入力するためのフォームフィールドを追加しています（**表A.9**）。

表A.9　index.htmlのポイント

フィールド	内容
優先度の選択	<select id="priority"> で優先度を選択できるドロップダウンメニューです。「低」、「中」、「高」の3つの選択肢が用意されています
期限日の入力	<input type="date" id="due_date"> で、メモの期限日をカレンダー形式で入力できるフィールドです
完了フラグのチェックボックス	<input type="checkbox" id="is_completed"> で、メモが完了したかどうかをチェックボックスで選択します。

上記により、ユーザーはメモに関して「優先度」、「期限日」、「完了状態」を指定できるようになります。

A-3 メモアプリのカスタマイズ

○ **app.js（resetForm()）**

フォルダfrontapp→ファイルapp.jsの「resetForm()」にリスト**A.11**のコードを追記します。

リスト A.11　app.jsの「resetForm()」

```
001:   function resetForm() {
002:       ・・・ 既存コード ・・・
003:       // 編集中のメモIDをリセット
004:       editingMemoId = null;
005:       // ▽▽▽ 追加 ▽▽▽
006:       document.getElementById('priority').value = '低';
007:       document.getElementById('due_date').value = '';
008:       document.getElementById('is_completed').checked = false;
009:       // △△△ 追加 △△△
010:   }
```

追加部分では、「優先度」、「期限日」、「完了状態」のフィールドがリセットされます。

○ **app.js（fetchAndDisplayMemos ()）**

フォルダfrontapp→ファイルapp.jsの「fetchAndDisplayMemos ()」にリスト**A.12**のコードを追記します。

リスト A.12　app.jsの「fetchAndDisplayMemos ()」

```
001:   async function fetchAndDisplayMemos() {
002:       ・・・ 既存コード ・・・
003:         memos.forEach(memo => {
004:       ・・・ 既存コード ・・・
005:           row.innerHTML = `
006:               <td>${memo.title}</td>
007:               <td>${memo.description}</td>
008:               <!-- ▽▽▽ 追加 ▽▽▽ -->
009:               <td>${memo.status.priority}</td>
010:               <td>${memo.status.due_date ? memo.status.due_date.split('T')[0] : ''}</td>
011:               <td>${memo.status.is_completed ? '完了' : '未完了'}</td>
012:               <!-- △△△ 追加 △△△ -->
013:               <td>
014:                   <button class="edit" data-id="${memo.memo_id}">編集</button>
015:                   <button class="delete" data-id="${memo.memo_id}">削除</button>
016:               </td>
017:           `;
018:       ・・・ 既存コード ・・・
```

追加部分では、以下の3つの項目をメモ一覧に表示しています（**表A.10**）。

表A.10 追加部分の詳細

追加部分	内容
優先度の表示	優先度（「低」「中」「高」など）を表示しています
期限日の表示	memo.status.due_date.split('T')[0]で、期限日を日付部分のみ抽出して表示しています。期限日がない場合は空白になります。split関数は、指定した文字で文字列を分割するための関数です。ここでは、memo.status.due_date が "YYYY-MM-DDTHH:MM" の形式で渡されているため、split('T') によって "T" を基準に日付部分（YYYY-MM-DD）と時間部分に分割します
完了フラグの表示	memo.status.is_completed ? '完了' : '未完了' で、完了状態に応じて「完了」または「未完了」を表示しています

○ **app.js（editMemo(memoId)）**

フォルダfrontapp→ファイルapp.jsの「editMemo(memoId)」に**リストA.13**のコードを追記します。

リストA.13 app.jsの「editMemo(memoId)」

```
001:    async function editMemo(memoId) {
002:        ・・・ 既存コード ・・・
003:        // 取得したメモのタイトルと説明をフォームに設定
004:        document.getElementById('title').value = memo.title;
005:        document.getElementById('description').value = memo.description;
006:        // ▽▽▽ 追加 ▽▽▽
007:        document.getElementById('priority').value = memo.status.priority;
008:        // 期限日を設定するため、日付が存在する場合のみ設定
009:        document.getElementById('due_date').value = memo.status.due_date ? memo.
    status.due_date.split('T')[0] : '';
010:        document.getElementById('is_completed').checked = memo.status.is_completed;
011:        // △△△ 追加 △△△
012:        // === フォーム ===
013:        // フォームの見出しを「メモの編集」に更新
014:        ・・・ 既存コード ・・・
```

追加部分では、データを各フォームのフィールドに設定しています。

○ **app.js（document.addEventListener）**

フォルダfrontapp→ファイルapp.jsの「document.addEventListener」に**リストA.14**のコードを追記します。

A-3 メモアプリのカスタマイズ

リストA.14 app.jsの「document.addEventListener」

```
001:    document.addEventListener('DOMContentLoaded', () => {
002:        ・・・ 既存コード ・・・
003:            // タイトルと説明の入力値を取得
004:            const title = document.getElementById('title').value;
005:            const description = document.getElementById('description').value;
006:            // ▽▽▽ 追加 ▽▽▽
007:            const priority = document.getElementById('priority').value;
008:            const due_date = document.getElementById('due_date').value;
009:            const is_completed = document.getElementById('is_completed').checked;
010:            // メモオブジェクトを作成
011:            const memo = { title, description, status: { priority, due_date, is_completed } };
012:            // △△△ 追加 △△△
013:        ・・・ 既存コード ・・・
014:        };
015:
016:        // 更新ボタンのクリックイベントに対する処理を設定
017:        document.getElementById('updateButton').onclick = async () => {
018:        ・・・ 既存コード ・・・
019:            const description = document.getElementById('description').value;
020:            // ▽▽▽ 追加 ▽▽▽
021:            const priority = document.getElementById('priority').value;
022:            const due_date = document.getElementById('due_date').value;
023:            const is_completed = document.getElementById('is_completed').checked;
024:            // 更新関数を実行
025:            await updateMemo({ title, description, status: { priority, due_date, is_completed } });
026:            // △△△ 追加 △△△
027:        };
```

　追加部分では、フォームから選択された「優先度」、フォームから選択された「期限日」、フォームの完了状態（チェックボックスがチェックされているかどうか）を取得します。メモオブジェクトにstatusフィールドとして優先度、期限日、完了状態を追加して、新規作成または更新時に利用しています。

○ **styles.css**

　メモ一覧に項目が増えたので、styles.css → body部分のスタイル → max-width: 800px;に設定します。

動作確認する

　フロントエンドとバックエンドの作成が完了したので、手順⑥を実施します。

フロントエンドの起動

フォルダ frontapp→ファイル index.html をダブルクリックし、エディタを表示後、右下に表示される「Go Live」をクリックします。

バックエンドの起動

フォルダ「fast_api_memoapp」を選択し、右クリックして表示されるダイアログにて「統合ターミナルで開く」を選択し、ターミナルを表示させます。選択したプロジェクトがカレントディレクトリに指定されたターミナルで以下のコマンドを実行します。

```
uvicorn main:app --reload
```

新規登録処理の確認

フロントエンドの画面にて「タイトル：朝飯、詳細：ホテルのビュッフェを食べる、優先度：高、期限日：2024/09/21、完了：未チェック」と入力後、「新規登録」ボタンをクリックします（**図A.12**）。

図A.12 新規登録

ダイアログに登録に成功したメッセージが表示され、画面下の一覧表示に登録した内容が反映されます。

更新処理の確認

フロントエンドの画面→一覧→「編集」ボタンをクリックすると、入力エリアが編集用に変わります。「優先度：中、期限日：2024/09/22、完了：チェック」と編集後、「更新実行」ボタンをクリックします（**図A.13**）。

図A.13 更新処理

メモの編集

タイトル

朝飯

詳細

ホテルのビュッフェを食べる

優先度

中 ∨

期限日

2024/09/22 📅

完了

☑

更新実行

　ダイアログに更新に成功したメッセージが表示され、画面下の一覧表示に更新した内容が反映されます。

○ **削除処理の確認**

　フロントエンドの画面→一覧（**図A.14**）→「削除」ボタンをクリックすると、ダイアログに削除に成功したメッセージが表示されます。

図A.14 削除処理①

タイトル	詳細	優先度	期限日	完了	操作	
変更するアジェンダ	詳細な説明	中	2023-10-01	完了		削除
明日のアジェンダ		高	2023-10-01	未完了		削除
朝飯	ホテルのビュッフェを食べる	中	2024-09-22	完了		削除

　対象のデータが削除されたことを確認できます（**図A.15**）。

図A.15 削除処理②

タイトル	詳細	優先度	期限日	完了	操作	
変更するアジェンダ	詳細な説明	中	2023-10-01	完了		削除
明日のアジェンダ		高	2023-10-01	未完了		削除

　無事、メモアプリに対してメモの状態を追加することができました。

　これで本書の内容はすべて終了です。本書がビギナーの皆様のスキル向上に役立つことを願っています。

Section A-4 サンプルファイルの使用方法

プログラミングを学び始める際には、新しい概念やツール、コードの書き方など覚えることがたくさんあります。サンプルファイルを効率的に使用することで、誤字脱字によるプログラムエラーのストレスから解放され、プログラムに注力しましょう。

A-4-1 サンプルファイルの使用

技術評論社の以下のWebサイトからサンプルファイルをダウンロードし解凍します。解凍されたフォルダには「リスト」フォルダと「完成プロジェクト」フォルダが格納されています（図A.1）。

https://gihyo.jp/book/2024/978-4-297-14447-0/support

図A.1 サンプルファイルのフォルダ構成

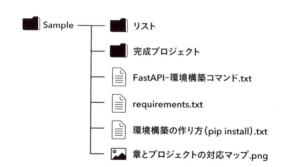

- 「リスト」フォルダ

    書籍内に記述されているリストが全て提供されています。書籍内では部分的な記述の場合も、提供されるリストでは全体が提供され、書籍内で記述されている部分はコメントで強調されています。

    自身でプロジェクトやファイルを作成後、対応するリストを「コピー＆ペースト」してファイルを完成させてください。

- 「完成プロジェクト」フォルダ

    章ごとに作成した各プロジェクトが提供されています。はじめから最終的な動きを確認したい場合は、対象の完成プロジェクトをご自身のIDEにインポートしてください。

A-4 サンプルファイルの使用方法

- **FastAPI-環境構築コマンド .txt**

  書籍内にて「pip install」を実行したページ番号とコマンド、また主要コマンドが記述されています。

- **requirements.txt**

  プロジェクトで使用するパッケージをリスト化したファイルです。開発環境を整える時に使用します。

- **環境構築の作り方（pip install）.txt**

  コマンド「pip install -r ファイル名」やコマンド「pip freeze」について書かれています。プロジェクトで使用するPythonパッケージをリスト化したファイル（今回は「requirements.txt」）を使用して、一度にすべての必要なパッケージをインストールする方法が記述されています。

- **章とプロジェクトの対応マップ.png**

  「完成プロジェクト」フォルダ内の各プロジェクトが書籍の何章に記述されているか書かれています。

  書籍の学習時に使用してください。以下の表が画像になっています。

表

No	フォルダ名	対象の章	No	フォルダ名	対象の章
1	annotated	3章　3-3-2	12	fast_api_ memoapp（11章完了時点）	11章
2	appendix	Appendix A-1-2	13	fast_api_ memoapp（App反映版）	Appendix
3	asyncio	6章　6-1-3	14	fast_api_di	9章　9-2
4	async_ sqlalchemy	8章　8-2-1	15	fatsapi_hello	2章　2-2-2
5	fastapi_ pydantic_field	5章　5-3-3	16	optional	3章　3-2-2
6	fastapi_async	6章　6-2-2	17	pydantic	4章　4-3-3
7	fastapi_crud_books	5章　5-3-1	18	sync_async	6章　6-1-1
8	fastapi_path_parameter	4章　4-1-2	19	typehints	3章　3-1-3
9	fastapi_query_ parameter	4章　4-2-2	20	union	3章　3-4-2
10	fastapi_router	7章　7-1-2	21	webapi	2章　2-1-3
11	fastapi_router_refactoring	7章　7-2			

サンプルファイルを活用し、インプット以外の部分での負担を軽減し、効率的に学習を進めましょう。

A

API	13, 38
Anaconda	15
ASGIサーバー	44
async	46, 118, 120
any	50
Annotated	62, 114
Addressability（アドレサビリティ）	93, 95
await	118, 120, 148
asyncio	119
asyncio.gather	123, 124
APIRouter	126, 136
aiosqlite	140, 143
AsyncSession	144, 196

B・C

base	21
BaseModel	88
conda -V	18
conda create -n [name] python =[version]	21, 22
conda env list	21
conda activate [name]	23
conda deactivate	23
conda	24
conda remove -n [name] --all	24
Command Prompt（既定値）	34
Ctrl + C	47
Code	50, 75, 77
Controls Accept header	50
Curl	51, 75
CRUD	92, 97
CREATE	93
Connectability（コネクタビリティ）	94
CSSファイル	181
CORS	220, 226
CORSMiddleware	219, 226

D

Dict	56
dict（先頭小文字）	56
DELETE	93, 96, 105
description	109
Depends	156, 157, 160
DI：依存性注入	156
document.addEventListener	246

E

exit	26
Example Value	50, 111
Executeボタン	50
Error: Not Found	77
enumerate	104
examples	109
Ellipsis：エリプシス	111
engine.begin()	148

F・G

FastAPI	12, 44
Field関数	109, 114
GET	95, 96, 105
ge	109
gt	109

H

HTTPプロトコル	39
http://127.0.0.1:8000/docs	48
HTTPException	72, 73, 102
HTTPメソッド	93, 95
httpx	122
httpx.AsyncClient()	123

I・J

indent-rainbow	31
include_router()	126, 135, 136
Japanese Language Pack for Visual Studio Code	30
JSON	41, 50, 80, 85
JavaScript	169
JSONデータの構造	228, 233

L

List	56
list（先頭小文字）	56
Lie-to-childrenモデル	97
le	109
lt	109
Live Server	190

M

Miniconda	15
Material Icon Theme	32
Media type	50
max_length	109

INDEX 索引

min_length 109

O

OpenAPI 13, 167
Optional型 59, 68
O/Rマッパー 138
ORM 138

P

python -V 23
pip 24, 40
pip install [name]==バージョン 25
PyPI 25
Python 31
Python Indent 31
Pythonインタープリタ 43
pip install uvicorn 44
Parameters画面項目 49, 74
Pydantic 86
POST 93, 96, 105
PUT 93, 96, 105
pop 104

R

RESTful API 13, 94
REST方式 42
Responses画面項目 50, 74
Request URL 51, 75
Response body 51, 75, 77
Response headers 51, 75
REST 92
READ 93
response_model 101

S

SwaggerUI 13, 48, 74
Schema 50, 111
Server response画面項目 51, 75
Stateless（ステートレス） 92, 95
SQL 138
SQLAlchemy 138
SQLite 140, 143
SQLite Viewer 140
SOLID原則 163
split 関数 246

T・U

Try it outボタン 50
type()関数 88
Uvicorn 44
uvicorn main:app --reload 47, 74
URL 70, 75, 79
URLの「?」 78
Uniform Interface
　（ユニフォーム インターフェース） 93, 95
URI（Uniform Resource Identifier） 93

V

VSCode 27
Value must be an integer. 77
ValidationError 90

W・Y

Webアプリケーション 12
Workspace Trust 33
WebAPI 38, 70
yield 199

あ行

安全性 95
朝活のすすめ 210
インタラクティブ 13
インデックス 104
イベントキュー 119
イベントループ 119, 148
インターフェース分離の原則
　（Interface Segregation Principle） 163
依存関係逆転の原則
　（Dependency Inversion Principle） 163
エンドポイント 13, 46, 74, 80
エラーハンドリング 73, 86
オープン／クローズドの原則
　（Open/Closed Principle） 163
オリジン 226

か行

型ヒント 13, 54, 59
型の検証 14, 88
開発環境 15, 20, 27
仮想環境 20
拡張機能 30, 32
可読性 73

253

可読性の向上	130
カスタムエラーハンドラ定義	176
キーと値のペア	78
期限切れ	144
クロスプラットフォーム	19
クエリパラメータ	78, 82, 86
クライアント	86
クロスプラットフォーム性	139
コマンドプロンプト	18, 26, 33
コンストラクタ	88
コルーチン	120
コミット	148
コネクション	149

さ行

サーバー	86
辞書のアンパック	88
ジェネレーター関数	199
スキーマ駆動開発	14, 166, 169
ステータスコード404	73, 103
スキーマ	98, 131, 166
ステップバイステップ	98
設計の強化	131
セッション管理	139, 149

た行

ターミナル	33
短縮記法	80
帯域幅	85
タスク	116, 119
単一責任の原則 （Single Responsibility Principle）	163
通信回数	85
デコレータ	46
データ変換	88, 90
デフォルト値	109
ドキュメント生成	14
同期処理	116, 119, 153
同一オリジンポリシー	226

は行

ハンズオン環境	33
配色テーマ	36
バックエンド	14, 193
バリデーションルール	64
パスパラメータ	70, 77, 86
パラメータ	70
バリデーションエラー	77

バリデーション	86, 89
（| パイプ）演算子	65, 68
パフォーマンスの最適化	130
非同期	46
非同期関数	46
非同期処理	116, 117, 153
非同期CRUD処理	202
フレームワーク	12
フロントエンド	14, 167, 180
ファクトリ	144
複雑なスキーマ	228
分類の重要性	179
プレースホルダ	97
冪等性（べきとうせい）	95
保守性	73
保守性の改善	130
ボイラープレートコード	88

ま行

マインドマップ	13
メタデータ	109
モデル	145, 147, 194

や行

| ユーザビリティ | 85 |
| ユーティリティクラス | 164 |

ら・わ行

リクエスト処理	70, 74, 78, 86
リソース	77
リスト内包表記	80
リファクタリング	130, 136, 211
リスコフの置換原則 （Liskov Substitution Principle）	163
ルーティング	49, 74, 126, 211
例外クラス	72
レスポンス処理	85
レスポンスデータ	85
レスポンス	86
ロールバック	148
ワークスペース	33

おわりに

　FastAPIの学習を終えられた皆さん、本当にお疲れさまでした。ここまでたどり着いたこと自体が、既に大きな成果です。

　以下に、私が大切にしている学習の姿勢をお伝えします。少しでも皆さんの参考になれば幸いです。

　まず、何よりも大切なのは、自分のペースを尊重しながら、継続して学び続けることです。学びの道のりでは、時折壁にぶつかることもあるでしょう。しかし、その壁を乗り越えるたびに、あなたは一歩ずつ成長しています。壁にぶつかることこそが、経験を積んでいる証です。

　現代の学習では、AIを活用することで学びを効率化できます。AIを使ったコードの自動生成や、エラー解決のサポート、学習プロセスの最適化など、さまざまなツールが存在します。積極的にこれらを活用して、学習をより効率的に進めてください。ただし、AIはあくまであなたの成長をサポートするツールに過ぎません。自分自身の考えを大切にし、自ら学び、解決していく姿勢を忘れないことが重要です。

　新しい知識やスキルを得るたびに、それが未来の自分の力になっていることを感じてください。どんなに小さな進歩であっても、それが次のステップへと確実に繋がっていきます。
効率的に学びながら、自分の目標に向かって着実に歩み続けましょう。
あなたにはその力があります。必ず成功を手に入れることができると信じてください。

最後に、「良い仕事は一人ではできない」というのが私の信条です。この書籍も多くの人の協力によって実現しました。
妻の智子、同じ講師業をしている佐藤宏幸さん、そして書籍の確認を最後まで何度も行ってくださった技術評論社の原田さんに、心から感謝を申し上げます。

　　　　　　　　　　　　　　　　　　　　　　　　　　　　　　　　　樹下　雅章

著者プロフィール

樹下 雅章(きのした まさあき)

大学卒業後、ITベンチャー企業に入社し、様々な現場にて要件定義、設計、実装、テスト、納品、保守、全ての工程を経験。SES、自社パッケージソフトの開発経験。その後大手食品会社の通販事業部にてシステム担当者としてベンダーコントロールを担当。事業部撤退を機に株式会社フルネスに入社し現在はIT教育に従事。

カバーデザイン	菊池 祐(ライラック)
本文デザイン	五野上 恵美
DTP	安達 恵美子
編集	原田 崇靖
技術評論社ホームページ	https://gihyo.jp/book/

■ 問い合わせについて

本書の内容に関するご質問は、宛先までFAXまたは書面にてお送りください。なお電話によるご質問、および本書に記載されている内容以外の事柄に関するご質問にはお答えできかねます。あらかじめご了承ください。

なお、ご質問の際に記載いただいた個人情報は、ご質問の返答以外の目的には使用いたしません。また、ご質問の返答後は速やかに破棄させていただきます。

〒162-0846
新宿区市谷左内町21-13
株式会社技術評論社　書籍編集部
「Python FastAPI本格入門」質問係
[FAX] 03-3513-6167
[URL] https://book.gihyo.jp/116

Python(パイソン) FastAPI(ファストエーピーアイ) 本格入門(ほん かく にゅう もん)

2024年11月8日　初版　第1刷発行

著　者　樹下 雅章(きのした まさあき)
発行者　片岡 巌
発行所　株式会社 技術評論社
　　　　東京都新宿区市谷左内町21-13
　　　　電話　03-3513-6150　販売促進部
　　　　　　　03-3513-6160　書籍編集部
印刷／製本　昭和情報プロセス株式会社

定価はカバーに表示してあります。

本書の一部または全部を著作権法の定める範囲を超え、無断で複写、複製、転載、テープ化、ファイルに落とすことを禁じます。

©2024　樹下 雅章

造本には細心の注意を払っておりますが、万一、乱丁(ページの乱れ)や落丁(ページの抜け)がございましたら、小社販売促進部までお送りください。送料小社負担にてお取り替えいたします。

ISBN978-4-297-14447-0　C3055
Printed in Japan